Garten-kalender

2024

ulmer

Inhalt

101

97

60

156

188

Januar

KW	Mo	Di	Mi	Do	Fr	Sa	So
1	1	2	3	4	5	6	7
2	8	9	10	11	12	13	14
3	15	16	17	18	19	20	21
4	22	23	24	25	26	27	28
5	29	30	31				

Februar

KW	Mo	Di	Mi	Do	Fr	Sa	So
5				1	2	3	4
6	5	6	7	8	9	10	11
7	12	13	14	15	16	17	18
8	19	20	21	22	23	24	25
9	26	27	28	29			

März

KW	Mo	Di	Mi	Do	Fr	Sa	So
9					1	2	3
10	4	5	6	7	8	9	10
11	11	12	13	14	15	16	17
12	18	19	20	21	22	23	24
13	25	26	27	28	29	30	31

April

KW	Mo	Di	Mi	Do	Fr	Sa	So
14	1	2	3	4	5	6	7
15	8	9	10	11	12	13	14
16	15	16	17	18	19	20	21
17	22	23	24	25	26	27	28
18	29	30					

Mai

KW	Mo	Di	Mi	Do	Fr	Sa	So
18		1	2	3	4	5	
19	6	7	8	9	10	11	12
20	13	14	15	16	17	18	19
21	20	21	22	23	24	25	26
22	27	28	29	30	31		

Juni

KW	Mo	Di	Mi	Do	Fr	Sa	So
22						1	2
23	3	4	5	6	7	8	9
24	10	11	12	13	14	15	16
25	17	18	19	20	21	22	23
26	24	25	26	27	28	29	30

Juli

KW	Mo	Di	Mi	Do	Fr	Sa	So
27	1	2	3	4	5	6	7
28	8	9	10	11	12	13	14
29	15	16	17	18	19	20	21
30	22	23	24	25	26	27	28
31	29	30	31				

August

KW	Mo	Di	Mi	Do	Fr	Sa	So
31				1	2	3	4
32	5	6	7	8	9	10	11
33	12	13	14	15	16	17	18
34	19	20	21	22	23	24	25
35	26	27	28	29	30	31	

September

KW	Mo	Di	Mi	Do	Fr	Sa	So
35							1
36	2	3	4	5	6	7	8
37	9	10	11	12	13	14	15
38	16	17	18	19	20	21	22
39	23	24	25	26	27	28	29
40	30						

Oktober

KW	Mo	Di	Mi	Do	Fr	Sa	So
40		1	2	3	4	5	6
41	7	8	9	10	11	12	13
42	14	15	16	17	18	19	20
43	21	22	23	24	25	26	27
44	28	29	30	31			

November

KW	Mo	Di	Mi	Do	Fr	Sa	So
44					1	2	3
45	4	5	6	7	8	9	10
46	11	12	13	14	15	16	17
47	18	19	20	21	22	23	24
48	25	26	27	28	29	30	

Dezember

KW	Mo	Di	Mi	Do	Fr	Sa	So
48							1
49	2	3	4	5	6	7	8
50	9	10	11	12	13	14	15
51	16	17	18	19	20	21	22
52	23	24	25	26	27	28	29
1	30	31					

ERKLÄRUNG ZUM KALENDARIUM

Im jeweiligen Monatskalendarium finden Sie wertvolle Informationen, wie Sie beim Umgang mit Ihren Pflanzen „mit dem Mond" arbeiten. Das hilft Ihnen besonders beim Säen, Pflanzen, Ernten und Verwerten.

Mondphasen

Unter dem Datum des Wochentages sind die Mondphasen als Symbole dargestellt, aus denen Sie die Tage mit Neu- und Vollmond sowie zu- und abnehmendem Mond entnehmen können. Diese international gültigen Symbole werden um die genauen Auf- bzw. Untergangszeiten ergänzt.

● Neumond
◑ zunehmender Mond, erstes Viertel
○ Vollmond
◐ abnehmender Mond, letztes Viertel

Symbole der Pflanzenorgane

Unter den Mondphasen finden Sie die Symbole der jeweiligen Pflanzenorgane, die an diesen Tagen besonders gefördert werden. Beispiel: Der Mond im Tierkreiszeichen Widder ist ein Feuerzeichen – also besonders günstig für Fruchtpflanzen.

🥕 Wurzelpflanze   🌿 Blattpflanze

❋ Blütenpflanze   🍎 Fruchtpflanze

Tierkreiszeichen

Über den Pflanzenorganen finden Sie die Tierkreiszeichen mit ihren Symbolen, woraus der Lauf des Mondes durch den angegebenen Tierkreis hervorgeht. Bei einem Wechsel von einem Tierkreiszeichen in ein anderes während eines Tages wurde zur Vereinfachung nur das Symbol angegeben, das den Hauptteil des Tags vorherrscht.

Neben den Pflanzenorganen und Tierkreiszeichen finden Sie die Auf- und Untergangszeiten von Sonne und Mond. Basis hierfür waren die „Astronomischen Grundlagen" (herausgegeben vom Astronomischen Recheninstitut am Zentrum für Astronomie der Universität Heidelberg, G. Braun Buchverlag) mit Daten für den Raum Kassel. Da zum Zeitpunkt der Drucklegung des Kalenders immer noch keine Entscheidung hinsichtlich der künftig gültigen Uhrzeit vorlag, haben wir uns weiterhin für die Berücksichtigung der Sommerzeit entschlossen (zwischen Ende März und Ende Oktober MEZ Kassel + 1 h). Die Daten der Mondphasen sowie der Konstellationen von Sonne und Mond stammen vom Astronomischen Recheninstitut, Heidelberg.

Ein farbiger Balken markiert die monatliche Pflanzzeit. Besonders günstige bzw. ungünstige Zeiten, die sich durch die Konstellation des Mondes zur Erde ergeben, werden extra ausgewiesen.

Bei regionalen Feiertagen sind die entsprechenden Bundesländer nur abgekürzt angegeben. Im Schulferienkalender auf Seite 206 finden Sie bei den Bundesländern auch die verwendeten Abkürzungen.

Wassermann	🐟 Fische	🐏 Widder	
🐂 Stier	👫 Zwilling	🦞 Krebs	
🦁 Löwe	🧜 Jungfrau	⚖ Waage	
🦂 Skorpion	🏹 Schütze	🐐 Steinbock	

5

Januar

Der Mond wirkt als kosmischer Spiegel für Tierkreiskräfte bei seiner Wanderung durch die Tierkreiszeichen:

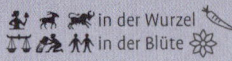 in der Wurzel 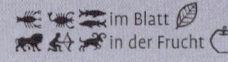 im Blatt   in der Blüte   in der Frucht

Pflanzzeit

1 Montag

S: 08:27 – 16:24
M: 22:13 – 11:27

Viel Glück und Freude im neuen Jahr!

■ Mond in Erdferne ist ungünstig für Saat und Pflanzung.

■ Neujahrstag

2 Dienstag

S: 08:27 – 16:25
M: 23:22 – 11:38

■ Den abnehmenden Mond vom Vollmond bis Neumond für Obstgehölzschnitt auf Fruchtansatz nutzen.

■ Berchtoldstag (CH)

3 Mittwoch

S: 08:26 – 16:26
M: 00:00 – 11:48

4 Donnerstag

● 04:30

S: 08:26 – 16:27
M: 00:31 – 11:58

■ Kübelpflanzen im Winterquartier nur mäßig gießen.
■ Mond am Knoten ist ungünstig für Saat und Pflanzung.

5 Freitag

S: 08:26 – 16:28
M: 01:43 – 12:10

6 Samstag

S: 08:26 – 16:30
M: 02:57 – 12:24

■ Dreikönigstag (Feiertag in BW, BY und ST)

7 Sonntag

S: 08:25 – 16:31
M: 04:16 – 12:43

°C

JANUAR

Pflanzzeit

2. Woche

8 Montag

S: 08:25 – 16:32
M: 05:38 – 13:09

°C

9 Dienstag

Kurz vor Neumond besser nicht säen oder pflanzen.

S: 08:24 – 16:34
M: 06:58 – 13:49

°C

10 Mittwoch

S: 08:24 – 16:35
M: 08:09 – 14:48

Hl. Agathe

°C

11 Donnerstag

Inventur bei den Saatgutbeständen vornehmen, altes Saatgut mittels Keimprobe testen, neues Saatgut bestellen.

● 12:57

S: 08:23 – 16:36
M: 09:04 – 16:06

°C

12 Freitag

S: 08:23 – 16:38
M: 09:42 – 17:36

°C

13 Samstag

Mond in Erdnähe ist ungünstig für Saat und Pflanzung.

S: 08:22 – 16:39
M: 10:08 – 19:10

°C

14 Sonntag

S: 08:21 – 16:41
M: 10:27 – 20:42

°C

Der Mond wirkt als kosmischer Spiegel für Tierkreiskräfte bei seiner Wanderung durch die Tierkreiszeichen:

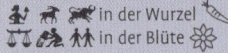 in der Wurzel 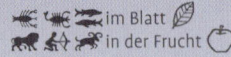 im Blatt

in der Blüte in der Frucht

15 Montag

S: 08:21 – 16:42
M: 10:42 – 22:09

■ St. Habakuk

16 Dienstag

S: 08:20 – 16:44
M: 10:56 – 23:35

17 Mittwoch

■ Mond am Knoten ist ungünstig für Saat und Pflanzung.

S: 08:19 – 16:45
M: 11:08 – 24:00

■ St. Antonius

18 Donnerstag

● 04:53

S: 08:18 – 16:47
M: 11:22 – 00:59

19 Freitag

■ Eingelagertes Wurzelgemüse auf Schadbefall kontrollieren und aussortieren.

■ Int. Grüne Woche Berlin • Ausstellung für Ernährungswirtschaft, Landwirtschaft und Gartenbau • Berlin 19.–28.1. • Infos siehe Seite 194

S: 08:17 – 16:49
M: 11:39 – 02:22

20 Samstag

S: 08:16 – 16:50
M: 12:00 – 03:46

■ St. Fabian & St. Sebastian

21 Sonntag

S: 08:15 – 16:52
M: 12:29 – 05:06

■ Hl. Agnes

JANUAR

22 Montag

S: 08:14 – 16:54
M: 13:09 – 06:20

Bei Frost und Schnee freuen sich viele Vögel über verschiedene Samen, Nüsse und Körner.

St. Vinzenz

23 Dienstag

S: 08:13 – 16:55
M: 14:02 – 07:21

IPM • Internationale Pflanzenmesse • Essen 23.–27.1. • Infos siehe Seite 194

24 Mittwoch

S: 08:11 – 16:57
M: 15:08 – 08:07

Pflanzzeit

25 Donnerstag

○ 18:54

S: 08:10 – 16:59
M: 16:20 – 08:40

Den abnehmenden Mond vom Vollmond bis Neumond für Obstgehölzschnitt auf Fruchtansatz nutzen.

26 Freitag

S: 08:09 – 17:00
M: 17:35 – 09:03

St. Timotheus

27 Samstag

S: 08:08 – 17:02
M: 18:48 – 09:21

28 Sonntag

S: 08:06 – 17:04
M: 19:59 – 09:34

Der Mond wirkt als kosmischer Spiegel für Tierkreiskräfte bei seiner Wanderung durch die Tierkreiszeichen:

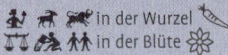 in der Wurzel
in der Blüte

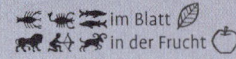 im Blatt
in der Frucht

Pflanzzeit

29 Montag

S: 08:05 – 17:06
M: 21:09 – 09:45

■ Mond in Erdferne ist ungünstig für Saat und Pflanzung.

30 Dienstag

S: 08:03 – 17:07
M: 22:18 – 09:55

31 Mittwoch

S: 08:02 – 17:09
M: 23:28 – 10:05

■ Mond am Knoten ist ungünstig für Saat und Pflanzung.
■ B.I.G. – Bauen, Immobilien, Garten • Hannover 31.1.–4.2. • Infos siehe Seite 194

■ St. Virgilus

1 Donnerstag

2 Freitag

3 Samstag

4 Sonntag

genügsamer Korallen-teppich

Rotmoos-Mauer-pfeffer

Manche kennen diese hübsche kleine Staude auch als Korallen-Sedum. Schon das grüne Blattwerk erinnert an die Korallenriffe der faszinierenden Meerestiere. Dieser Eindruck verstärkt sich, wenn sich die Blättchen ab Herbst kräftig rot verfärben. Im Sommer ist dieser Mauerpfeffer mit kleinen weißen Blüten übersät, die von Bienen und Hummeln umschwärmt werden.

Ein wahrer Trockenkünstler

Der Rotmoos-Mauerpfeffer gewinnt immer mehr Fans. Denn zum einen sorgt er mit seinem roten Leuchten für Aufmunterung in der trüben Jahreszeit. Zum anderen übersteht er hervorragend die zunehmend heißen und trockenen Sommer. Mit dem Klimawandel hat allerdings auch die Winternässe zugenommen. Deshalb kann es nichts schaden, die Pflanzen bei starkem Regen vorübergehend mit einem dichten, aber luftdurchlässigen Vlies abzudecken.

Eine dauerhafte Zierde

Für den Rotmoos-Mauerpfeffer reichen 20 cm Pflanzabstand, sodass rund 25 Pflanzen auf den Quadratmeter kommen. Davor empfiehlt sich eine tiefgründige Bodenlockerung, mitsamt dem Einarbeiten von Sand. Am besten füllt man am Fuß des Pflanzlochs noch Kies oder Lavagrus als Dränage ein. Ansonsten ist der gut winterharte Mauerpfeffer pflegeleicht und langlebig. Man sollte allerdings wuchernde Nachbarpflanzen im Zaum halten, denn solche Konkurrenz verträgt er nicht. (may)

Kurzporträt

Botanischer Name: *Sedum album* 'Coral Carpet'
Wuchs: Staude, 5–10 cm hoch, kriechend, bildet dichte Teppiche
Blüte: weiß, klein und zahlreich, in Dolden
Blütezeit: Juni bis Juli/August
Blatt: dickfleischig, oval, ganzrandig, über Sommer mittelgrün; immergrün
Ansprüche: sonnig, warm; gut durchlässiger, trockener, nährstoffarmer Boden
Verwendung: in kleinen und größeren Gruppen im Steingarten, auf Mauerkronen, in Mauerfugen, als Bodendecker, als Dachbegrünung; in Kübeln und Pflanzschalen
Besonderheiten: über Winter attraktive kupferrote Blattfärbung

Hexenbesen – Baum im Baum

Sie sind Kinder einer Laune der Natur - die Hexenbesen oder auch Donnerbüsche genannten dichten, kugeligen bis buschigen Verzweigungen, die man insbesondere im Winter gut in den Kronen von Nadelbäumen, Birken oder auch Kirschbäumen entdecken kann. Pilze, Viren, Bakterien oder genetische Mutationen können der Grund dafür sein. Sie veranlassen eine einzelne Knospe dazu, unablässig neue Triebe zu bilden, die dann eng an eng stehen und besonders kleines oder anders geformtes Laub bzw. außergewöhnlich lange oder kurze Nadeln aufweisen. Das Zweigwachstum ist dabei deutlich gestaucht. Dieser kleine Baum im Baum ist übrigens nicht mit dem Halbschmarotzer, der Mistel, zu verwechseln. (kie)

Ziergarten

➤➤ Wenn sich im Winter die Nadeln immergrüner Gewächse bräunlich verfärben, um dann im Frühjahr wieder von alleine grün zu werden, dann stellt diese Verfärbung einen Schutz vor der Sonne da und ist nicht mit Frosttrocknis zu verwechseln. Bei Pflanzen, die im Schatten stehen, zeigt sich dieses Phänomen daher auch nicht.

➤➤ Möchten Sie im Frühjahr einen Essigbaum, z. B. die gelbgrüne und relativ klein bleibende Sorte 'Tiger Eyes' pflanzen, dann planen Sie unbedingt den Einbau einer Wurzelsperre ein, da das eigentlich schöne Gehölz ansonsten aufgrund seiner Ausläuferbildung durchaus zur Plage werden kann. Auch Ihre Nachbarn werden es Ihnen danken. Die Wurzelsperre sollte senkrecht in die Erde eingegraben werden und im Durchmesser mindestens 1,50 m, besser 2 m Durchmesser aufweisen, damit die Wurzeln genügend Raum haben.

➤➤ Bei frostfreiem Wetter können Sie immer noch einige Blumenzwiebeln setzen, wenn Sie das im Herbst vergessen haben, beispielsweise Krokusse, Narzissen und Tulpen. Sie müssen dann aber im ersten Jahr besonders bei Tulpen und Narzissen mit Wachstumsstörungen rechnen, von denen man im zweiten Jahr aber bereits nichts mehr merken wird.

Gemüsegarten

>> Zeigt sich
das Wetter frostfrei, dann
können Sie immer noch Löwenzahnwurzeln ausgraben
und auf der Fensterbank antreiben. Und auch Wurzel-
petersilie lässt sich jetzt noch für die Treiberei verwenden.

>> Haben Sie Gemüse eingelagert, dann kontrollieren
Sie dieses regelmäßig, damit Sie faulende, verderbende
Exemplare frühzeitig entdecken und aussortieren kön-
nen. Ansonsten werden Sie nicht mehr lange Freude an
Ihren Vorräten haben.

>> Viele Gemüsesorten wie Möhren, Kartoffeln oder
Rote Bete können aufgrund ihrer hervorragenden Lagerfähigkeit über den Winter hinweg aufbewahrt werden.
Damit die Vorräte lange halten, sind regelmäßige Kon-
trollen auf Faulstellen nötig – betroffenes Gemüse
sollten Sie aussortieren, um ein Übergreifen auf das
restliche Gemüse zu verhindern.

>> Es hat sich bewährt, die Rhabarberpflanzen spätes-
tens Anfang des Monats mit einer dicken Laubschicht
abzudecken, die mit Folie oder Fichtenreisig vor dem
Wegfliegen gesichert wird. So kann man verhindern,
dass der Boden sehr tief friert und damit der Austrieb
verzögert wird. Denn Rhabarber treibt im neuen Jahr
aus, sobald sich der Boden frostfrei zeigt.

Sprossenbrokkoli

'Burgundy' ist ein zügig wachsender
F_1-Sprossenbrokkoli, der wie eine
weiche, süße Mischung aus Brokkoli
und Spargel schmeckt. Er bildet
kleine, violette Sprossenköpfe auf
dünnen, grünen Stängeln, die komplett genutzt werden können. Ziehen
Sie die Samen ab Anfang/Mitte März
im Haus vor und setzen die Jungpflanzen von Ende April bis Ende
Juli an einen vollsonnigen Platz
mit nährstoffreichem Boden ins
Freiland. Sie können dann schon ab
Ende Juni bis Mitte Oktober mit
einer reichen Ernte rechnen. (red)

Obstgarten

>> Bei Temperaturen über –5 °C können Sie Ihre Obstgehölze schneiden. Gehen Sie dabei von alt nach neu vor, kümmern sich also zuerst um die alten Bäume, bevor Sie sich den jüngeren zuwenden. Junge Bäume können auch gerne erst knapp vor dem Austrieb geschnitten werden, wenn man den Besatz mit Blütenknospen besser sehen kann.

>> Achten Sie auf Obstbaumkrebs, und entfernen Sie befallene Äste und Zweige.

>> Äpfel, die zur Alternanz neigen, sollten Sie jetzt besser nicht schneiden, sondern damit bis nach der Blüte warten.

>> Wenn Sie im Spätsommer Erdbeeren gepflanzt haben, dann achten Sie jetzt darauf, ob bei diesen der Frost die Wurzelballen hochdrückt. Ist das der Fall, dann drücken Sie diese vorsichtig in den Boden zurück, damit die empfindlichen Wurzeln wieder geschützt werden. Sie können die Gelegenheit auch gleich dazu nutzen, abgestorbene oder kranke Blätter zu entfernen.

>> Baumschnitt, der jetzt anfällt, können Sie als Schutz vor Wildverbiss einfach liegen lassen. Dafür eignen sich besonders Äste und Zweige von 'Elstar' und 'Jonagold'.

>> Wollten Sie eigentlich im letzten Spätsommer Ihre Johannisbeeren vermehren, haben das aber nicht mehr geschafft, dann können Sie das jetzt nachholen, indem Sie Stecklinge schneiden, diese entblättern und gleich anschließend in einen Topf mit sandiger Erde stecken.

Kirschjohannisbeere

'Cerimbo' ist eine Rote Johannisbeere, die sehr große, mittelrote Beeren entwickelt. Diese reifen Ende Juni/Anfang Juli und hängen an mittellangen, kompakten Trauben. Die Früchte sind sehr saftig und weisen einen milden Johannisbeergeschmack auf. Die Pflanzen wachsen eher schwach und werden 90-140 cm hoch. Sie benötigen eine gute Versorgung mit Kompost bzw. Dünger und einen offenen, sonnigen, gerne auch etwas windigen Standort, an dem die Blätter schnell abtrocknen können.

(red)

Fermentierter Birnensaft

Zutaten für etwa 1 l:
1 l Birnendirektsaft oder selbst entsafteter Birnensaft, 200 ml Sauerkrautsaft oder Brottrunk

Den Birnensaft in eine saubere Flasche füllen und den Sauerkrautsaft oder Brottrunk als Starterkultur hinzufügen. Nicht verschließen, damit die Gärgase entweichen können. An einen warmen Ort stellen. Nach 2-3 Tagen ist die Fermentation abgeschlossen - erkennbar daran, dass keine Luftbläschen mehr aufsteigen.

Mit diesem Saft können Sie, regelmäßig eingenommen, das Magenbakterium *Helicobacter pylori* eindämmen und eine erhöhte Magensaftsekretion reduzieren. Dazu kurweise (bis zu 3 Wochen lang) täglich ein Glas (200 ml) davon genießen, idealerweise nach dem Frühstück. Der Saft kann auch vorbeugend eingenommen werden.

Dieses Rezept wurde entnommen aus „Heilkraft von Obst und Gemüse" von Ursel Bühring und Bernadette Bächle-Helde, erschienen im Verlag Eugen Ulmer, ISBN 978-3-8186-1371-6.

Kleine Kreisläufe im Garten

Gesunde Gewächse brauchen fruchtbaren Boden, der voller Leben steckt. Eine gute Nachricht zum Jahresbeginn: Wir haben alle Komponenten, die man zum Aufbau fruchtbarer Erde braucht, vor Ort. Lassen Sie den Autoschlüssel also stecken – die Natur macht das schon!

Es ist Januar, der Garten schläft … Und wir Gärtner planen die neue Saison: Mutterboden anfahren lassen, Rindenmulch kaufen, die Firma für den Gehölzschnitt beauftragen, und zwar die, die gleich das Schnittgut entsorgt und alles mal so richtig schön durchputzt. Dem Garten tut man damit keinen Gefallen. Er sieht zwar „ordentlich" aus, ist aber der Chance beraubt, eigene stabile Kreisläufe aufzubauen und aus sich selbst zu schöpfen.

Die Natur als Vorbild

Die Natur muss dieselben Herausforderungen im Großen meistern wie Gartenbesitzer im Kleinen: das Werden und Vergehen in Balance halten. Wenn Pflanzen, Tiere, Pilze und all die anderen Organismen in gesunden Kreisläufen zusammenwirken, hat man – standortgerechte Pflanzungen vorausgesetzt – erstaunlich wenig mit Kümmerwuchs, Pflanzenkrankheiten und Schädlingsinvasionen zu kämpfen. Ziel sollte also sein, den Garten nicht äußerlich aufzuräumen, sondern in seinen ureigenen Mechanismen zu unterstützen. Wunderbarer Nebeneffekt: Man spart Aufwand, Geld, Zeit und Sprit für die Fahrt zum Kompostplatz, Gartencenter oder Baumarkt.

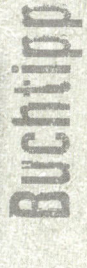
1 x hacken spart 2 x gießen

Nicht nur im Haus sollte man Wasser und Energie sparen, sondern auch im Garten – besonders nach den zahlreichen trockenen Sommern der letzten Jahre. Daher zeigt dieses Buch, wie man seinen Garten so gestalten kann, dass künftig weniger Wasser und Energie verschwendet wird. „1 x hacken spart 2 x gießen: Mit klugen Ideen Wasser, Strom & Co. im Garten bewusster nutzen" von Antje Krause, erschienen im Verlag Eugen Ulmer, ISBN 978-3-8186-1363-1

Ein Boden in Balance

Ein gut auf den Garten zu übertragendes Prinzip der Natur hilft, den besten Boden zu bekommen, den man sich wünschen kann. Ja, die Natur macht sich lockere, fruchtbare Erde selbst – wenn man sie lässt. Und das geht so: Herbstlaub und altersschwache Äste fallen zu Boden, oberirdische Staudenreste vergehen und fallen in sich zusammen. Sogenannte Destruenten – Zersetzer – machen ihrem Namen alle Ehre und verwandeln alles in wertvollen Humus und Pflanzennahrung, mit deren Hilfe die Gewächse wieder neue Biomasse bilden. Ein wunderbarer Kreislauf. Dies passiert mehr oder weniger nah bei der Pflanze, von der die verrottenden Teile stammen. Sehr kleinräumig also.

Wieso bloß fahren wir dann eigentlich Herbstlaub und Gehölzschnitt kilometerweit zur Deponie, nur um einige Wochen später wieder Rindenmulch und vermeintliche Qualitätsgartenerde ranzukarren?

Alles bleibt vor Ort

Es spricht viel dafür, den Garten-„Abfall" vor Ort in den natürlichen Kreislauf zurückzuführen. Kompostbesitzer werden jetzt zustimmend nicken. Flächenkompost ist eine Variante, die das Prinzip der Natur noch deutlicher nachahmt. Es wird direkt dort kompostiert, wo Humus gebraucht wird: auf dem Gemüsebeet, unter Gehölzen und im kleinen Stil sogar im Staudenbeet. Das Mulchen mit einer dünnen Schicht Rasenschnitt folgt diesem Prinzip. Wird Rasenschnitt mit Laub gemischt, ergibt das eine lockere Schicht, die hinsichtlich der Nährstoffzusammensetzung nach dem Verrotten ziemlich optimal ist.

Ein weiterer Pluspunkt dieser Bedeckung: Der Boden darunter ist ganz unmittelbar geschützt. Wind, sturzbachartigem Regen und austrocknender Hitze wird der direkte Angriffspunkt genommen, Erosion und Verdunstung werden deutlich reduziert. (kra)

„Gartenabfall" im Garten belassen – das muss nicht immer unaufgeräumt aussehen. Das Motto lautet: erst inszenieren, dann kompostieren.

Nichts rein, nichts raus ...

Wenn man so wenig wie möglich in den Garten hinein- bzw. heraustransportiert, hat das Vorteile:
- Etablierung gesunder Kreisläufe aus Werden und Vergehen
- Bodenverbesserung zum Nulltarif
- Störungen im Ökosystem vermeiden
- Risiko des Einschleppens von Krankheitserregern und Schädlingen verringern
- Zeit, Geld und Fahrtwege sparen

Februar

Der Mond wirkt als kosmischer Spiegel für Tierkreiskräfte bei seiner Wanderung durch die Tierkreiszeichen:

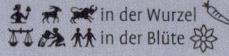 in der Wurzel 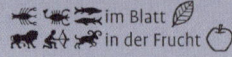 im Blatt

in der Blüte   in der Frucht

29 Montag

☀ 🌤 🌧 🌦 ❄ °C

30 Dienstag

☀ 🌤 🌧 🌦 ❄ °C

31 Mittwoch

☀ 🌤 🌧 🌦 ❄ °C

1 Donnerstag

■ Pflanzen im Winterquartier nur mäßig gießen.

♎
✿
S: 08:01 – 17:11
M: 00:00 – 10:15

Pflanzzeit

☀ 🌤 🌧 🌦 ❄ °C

2 Freitag

♏
🍃
S: 07:59 – 17:13
M: 00:40 – 10:28

■ Mariä Lichtmess

☀ 🌤 🌧 🌦 ❄ °C

3 Samstag

■ Frühbeete für die ersten Aussaaten vorbereiten.

◑ 00:18

♏
🍃
S: 07:57 – 17:15
M: 01:55 – 10:44

■ St. Blasius

☀ 🌤 🌧 🌦 ❄ °C

4 Sonntag

♏
🍃
S: 07:56 – 17:16
M: 03:13 – 11:06

☀ 🌤 🌧 🌦 ❄ °C

Pflanzzeit

JANUAR **FEBRUAR**

6. Woche

5 Montag

S: 07:54 – 17:18
M: 04:33 – 11:38

°C

6 Dienstag

■ Gartenplanung für dieses Jahr erstellen – Fruchtfolge und Mischkulturen beachten!

S: 07:53 – 17:20
M: 05:48 – 12:25

■ Hl. Dorothee

°C

7 Mittwoch

■ Kurz vor Neumond besser nicht säen oder pflanzen.

S: 07:51 – 17:22
M: 06:50 – 13:33

°C

8 Donnerstag

S: 07:49 – 17:24
M: 07:36 – 14:59

■ Weiberfastnacht

°C

9 Freitag

● 23:59

S: 07:48 – 17:26
M: 08:07 – 16:33

■ Hl. Apollonia

°C

10 Samstag

■ Mond in Erdnähe ist ungünstig für Saat und Pflanzung.

S: 07:46 – 17:27
M: 08:30 – 18:09

°C

11 Sonntag

S: 07:44 – 17:29
M: 08:47 – 19:42

°C

Der Mond wirkt als kosmischer Spiegel für Tierkreiskräfte bei
seiner Wanderung durch die Tierkreiszeichen:

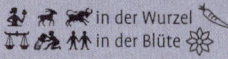 in der Wurzel 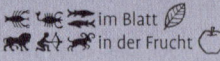 im Blatt
in der Blüte in der Frucht

12 Montag

S: 07:42 – 17:31
M: 09:01 – 21:12

■ Rosenmontag

13 Dienstag

■ Mond am Knoten ist ungünstig für Saat und Pflanzung.

S: 07:40 – 17:33
M: 09:14 – 22:40

■ Fastnacht

14 Mittwoch

S: 07:38 – 17:35
M: 09:28 – 24:00

■ Aschermittwoch
■ St. Valentin

15 Donnerstag

S: 07:37 – 17:36
M: 09:44 – 00:06

16 Freitag

● 16:01

S: 07:35 – 17:38
M: 10:03 – 01:33

17 Samstag

S: 07:33 – 17:40
M: 10:30 – 02:56

18 Sonntag

S: 07:31 – 17:42
M: 11:06 – 04:13

°C

19 Montag

S: 07:29 – 17:44
M: 11:56 – 05:18

■ Kübelpflanzen und Zimmerpflanzen in frische Erde umtopfen.

20 Dienstag

S: 07:27 – 17:46
M: 12:57 – 06:08

Pflanzzeit

21 Mittwoch

S: 07:25 – 17:47
M: 14:08 – 06:44

22 Donnerstag

S: 07:23 – 17:49
M: 15:22 – 07:09

■ Petri Stuhlfeier

23 Freitag

S: 07:21 – 17:51
M: 16:36 – 07:28

24 Samstag

13:30

S: 07:19 – 17:53
M: 17:48 – 07:42

■ St. Matthias

25 Sonntag

S: 07:17 – 17:54
M: 18:58 – 07:53

■ Mond in Erdferne ist ungünstig für Saat und Pflanzung.

Der Mond wirkt als kosmischer Spiegel für Tierkreiskräfte bei seiner Wanderung durch die Tierkreiszeichen:

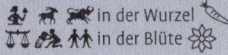 in der Wurzel ✎   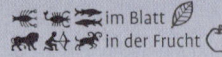 im Blatt 🍃
🐐🐏👯 in der Blüte ❀   🐂🦁♐ in der Frucht 🍎

26 Montag

Pflanzzeit

S: 07:15 – 17:56
M: 20:07 – 08:03

■ Kletter- und Stützvorrichtungen reparieren und aufstellen.

27 Dienstag

S: 07:12 – 17:58
M: 21:17 – 08:13

■ Mond am Knoten ist ungünstig für Saat und Pflanzung.

28 Mittwoch

S: 07:10 – 18:00
M: 22:28 – 08:23

■ Garten München • Verkaufsausstellung für Blumen- und Gartenfreunde • München 28.2.–3.3. • Infos siehe Seite 194

29 Donnerstag

S: 07:08 – 18:01
M: 23:41 – 08:34

■ Pflanzen im Winterquartier nur mäßig gießen.

1 Freitag

2 Samstag

3 Sonntag

zarter Vorfrühlingsbote

Taschkent-Krokus

Dieses attraktive Kleinod ist benannt nach Taschkent, der Hauptstadt Usbekistans: Das weist auf seine Herkunft aus den Bergregionen Mittel- und Vorderasiens hin. Im Angebot findet man die Zwiebelblume auch unter der Bezeichnung Schellkraut-Krokus, weil ihre leuchtend gelben Blüten an den Flor des Schöllkrauts erinnern.

Schön zum Verwildern

Im Vergleich zu den großblumigen Gartenkrokussen wirkt der Taschkent-Krokus ausgesprochen zart. Doch tatsächlich ist die Pflanze sehr robust und winterhart. Haben sich die Krokusse an geeigneten Standorten etabliert, verbreiten sie sich langsam, aber stetig. Sie vermehren sich durch Selbstaussaat und über Brutknöllchen. Am schönsten wirken die Krokusse, wenn man sie in kleinen Trupps von fünf bis zehn Pflanzen setzt.

Leicht zu versorgen

Pflanzzeit ist im Herbst, von September bis November. Die zwiebelähnlichen Knollen sollten möglichst schnell nach dem Kauf oder nach Erhalt einer Pflanzensendung in den gut gelockerten Boden kommen. Man steckt sie rund 5–8 cm tief, mit 5–10 cm Abstand. Wenn die Krokusse im Frühling austreiben, brauchen sie ausreichend Feuchtigkeit. Nach dem Verblühen und Einziehen vertragen sie die Sommertrockenheit sehr gut. Die Pflanzen entwickeln sich am besten, wenn man sie in jedem Frühjahr mit organischem Dünger versorgt. (may)

Kurzporträt

Botanischer Name: *Crocus korolkowii*

Wuchs: ausdauernde Zwiebelpflanze, 6–10 cm hoch

Blüte: goldgelb, marmoriert mit feinen, dunklen Strichen, an der Basis und im Schlund bronzefarben

Blütezeit: Februar bis März

Blatt: schmal, grasartig, kräftig grün; Blätter recht zahlreich, zu zehn bis 20 je Pflanze

Ansprüche: sonnig; durchlässiger, trockener bis frischer, mäßig nährstoffreicher Boden

Verwendung: in kleinen Gruppen in Wildstaudenpflanzungen, Wiesen und Kräuterrasen, am Gehölzrand, im Steingarten

Besonderheiten: gute Insektenweide mit langer Blütezeit

Hermelin - flinker Jäger im weißen oder braunen Kleid

Schneeweißes Fell bis auf die schwarze Schwanzspitze, so ist das Winterkleid des Hermelins - meist jedenfalls. In den wärmeren Regionen Europas behält der schlanke, 30-40 cm lange Marder sein zimt- bis kastanienbraunes Fell, nur sein Bauch ist immer weiß. Im Schnee tarnt das weiße Fell den fleißigen Mäusefänger perfekt. Doch wo weiße Winter immer rarer werden, ist das helle Fell nur noch bedingt von Vorteil. Im Gegenteil, auf brauner Erde fällt das tag- und nachtaktive Hermelin dann besonders auf. Trotzdem braucht man etwas Glück, das stets aufmerksame Raubtier zu entdecken - seine feine Nase und sein gutes Gehör warnen es bei Gefahr, und es ist blitzschnell im nächsten Versteck verschwunden. (kie)

Ziergarten

>> Da es im Verlauf des nächsten Monats je nach Witterungsverlauf schon mit dem ersten Rasenschnitt losgehen kann, sollte man den Februar dazu nutzen, denn Rasenmäher zu warten.

>> Stauden, die im Spätsommer oder Herbst blühen, können jetzt geteilt werden, sofern der Boden nicht mehr gefroren ist und es auch die Witterung zulässt.

>> Denken Sie daran, Flächen, auf denen im letzten Jahr nährstoffhungrige Sommerblumen standen, mit organischem Dünger zu versorgen.

>> Möglicherweise können Sie Ende des Monats schon den Eisfreihalter aus Ihrem Gartenteich entfernen.

>> Größere Gräser, die Sie für die Teichlüftung über Winter stehen gelassen haben, können Sie jetzt zurückschneiden.

>> Die frühblühenden Knollen- und Zwiebelpflanzen wie Schneeglöckchen können nach der Blüte geteilt werden.

>> Wenn Sie bei Bartiris und Staudenpfingstrosen vor dem Austrieb die verwelkten alten Blätter entfernen, dann verringern Sie die Gefahr einer Infektion mit Blattkrankheiten.

>> Im Februar/März können Sie sich an den Blüten der Netz-Iris erfreuen, die an einem passenden Standort mit der Zeit kleine Kolonien und zahlreiche Brutzwiebeln bildet. Diese können Sie später im Frühsommer aufnehmen und an einer anderen Stelle wieder einpflanzen.

Gemüsegarten

➤➤ Wächst bei Ihnen im Garten Scharbockskraut, dann können Sie die jungen, Vitamin-C-reichen Blättchen vor der Blüte als Salatzutat verwenden. Sie sollten aber nicht zu viele nutzen und auch nicht bis zum Blütenaustrieb warten, da sie dann nicht mehr unbedenklich verzehrt werden können.

➤➤ Haben Sie noch Gemüse in Mieten, dann kann es sinnvoll sein, dieses in den Keller umzulagern, sobald es wärmer wird. Anderenfalls könnte es holzig und ungenießbar werden.

➤➤ In eher milden Gegenden kann man jetzt schon Puffbohnen im Freiland aussäen, damit sie vor dem Auftreten der Blattläuse blühen. Ansonsten sollte man damit bis Anfang/Mitte März warten.

➤➤ Für die erste Brokkoliernte Ende Juni sollten Sie Ende Februar/Anfang März die Samen unter Glas aussäen. Die Jungpflanzen kommen dann etwa Ende April ins Freiland an den endgültigen Standort.

➤➤ Wer im letzten Spätsommer winterharte Gründüngungspflanzen auf den Gemüsebeeten ausgesät hat, der sollte diese jetzt abmähen und das Schnittgut anschließend häckseln. Die Häcksel können Sie dann wieder auf den Beeten ausbringen und dort einfach liegen lassen.

➤➤ Petersilie lässt sich ab Februar gut unter Glas aussäen. Dazu legt man jeweils drei bis vier Samen in einen 5- bis 6-cm-Topf.

Eine andere Gurke

Die Mexikanische Minigurke (*Zehneria scabra*) ist eine exotische, kletternde Zierpflanze, die dekorative, essbare Früchte entwickelt. Die Sorte 'Mateo' bildet bis zu 2 m lange Triebe, an denen zahlreiche kleine, ovale Früchte mit hell- und dunkelgrünen Streifen entstehen. Diese sollten geerntet werden, sobald sie 2-4 cm lang sind. Sie schmecken süß-säuerlich und passen gut in einen Salat oder können auch sauer eingelegt werden. 'Mateo' eignet sich für die Freilandkultur, kann aber auch in Kübeln oder im Gewächshaus kultiviert werden. Säen Sie die Samen am besten von Februar bis April bei 20-22 °C und pflanzen Sie die Minigurken dann nach den letzten Frösten mit einem Abstand von 30-40 × 3 cm an einen sonnigen Standort ins Freiland. Vergessen Sie dabei nicht, dass die Pflanzen unbedingt eine Stützhilfe brauchen. Die Ernte erfolgt dann im September/Oktober.

(red)

Obstgarten

Säulenapfel

Die schorftolerante Apfelsorte 'Acrobat' wächst von Natur aus mittelstark und säulenförmig und lässt sich einfach erziehen. Die mittelgroßen, kugeligen, roten Früchte weisen ein ausgewogenes Säure-Zucker-Verhältnis auf und sind dabei aromatisch, knackig und saftig. Sie reifen Ende August/Anfang September und können gut gelagert werden. Die Bäume überzeugen mit regelmäßigen und guten Erträgen und eignen sich auch für eine Fruchthecke. (red)

>> Falls der Boden in diesem Monat schon frostfrei sein sollte, dann können Sie bereits mit dem Pflanzen beginnen.

>> Tritt an Ihren Pfirsich- oder Aprikosenbäumen erfahrungsgemäß immer wieder die Kräuselkrankheit auf, dann können Sie diese Gehölze etwa Ende des Monats vorbeugend mit einem kupferhaltigen Präparat spritzen.

>> Große Schneelasten sollte man nicht auf den Obstgehölzen liegen lassen. Das gilt besonders für Nassschnee bzw. neue, junge Bäume.

>> Da die Larvennester des Pflaumenwicklers jetzt gut zu erkennen sind, sollten Sie Ihre Bäume entsprechen kontrollieren und die Nester mit einem Baumkratzer von den Stämmen entfernen und über den Hausmüll entsorgen.

>> Verwenden Sie im Obstgarten Pflanzenschutzmittel, dann überprüfen Sie bei Gelegenheit, ob diese noch zugelassen sind und im Hausgarten verwendet werden dürfen. Ist dies nicht der Fall, dann entsorgen Sie diese fachgerecht, also nicht über den Hausmüll. Wissen Sie nicht, wohin Sie die Pflanzenschutzmittel bringen können, dann erkundigen Sie sich am besten direkt bei Ihrer Gemeinde danach.

>> Obstlager sollten an frostfreien Tagen gelegentlich gelüftet werden.

Apfelkosmetik

Zutaten:
½–1 geschälter Apfel, 1–2 TL flüssiger Honig,
Sahne, Ei oder Zitronensaft

Dieses Rezept wurde entnommen aus „Heilkraft von Obst und Gemüse" von Ursel Bühring und Bernadette Bächle-Helde, erschienen im Verlag Eugen Ulmer, ISBN 978-3-8186-1371-6.

Gesichtswasser: Den Apfel reiben, den Saft durch ein Sieb pressen und als Tonic verwenden. Dieses erfrischt und aktiviert müde Haut.
Maske: Den nach dem Auspressen übrig behaltenen „Apfelbrei" je nach Hautbeschaffenheit mit Zitrone (bei fettiger Haut) bzw. Sahne, Honig oder Ei (bei trockener Haut) vermengen und auf das Gesicht auftragen. Nach 20 min mit dem Apfelgesichtswasser abnehmen. Äpfel machen die Haut zart und rein, schenken ihr Feuchtigkeit, straffen und tonisieren sie und stabilisieren die kleinen Blutgefäße bei Couperose.

Gartenwetter-prognosen

„Schaltjahr – kalt' Jahr", reimt eine alte Bauernregel. Demnach müssten Pflanzen und Gärtner im Jahr 2024 des Öfteren frieren. Das können die langjährigen Wetterstatistiken allerdings nicht bestätigen. Die zeigen höchstens einen leichten Trend zu kühleren Sommern.

Die alten Merksprüche unserer bäuerlichen Vorfahren werden immer noch gerne zitiert – und auch gerne veräppelt. Tatsächlich kann man manche Bauernregeln eher als Aberglaube einstufen. Doch viele beruhten auch auf aufmerksamer Natur- und Wetterbeobachtung. Das war entscheidend, um den richtigen Zeitpunkt zum Säen, Pflanzen und Ernten abzuschätzen.

Der Hundertjährige Kalender

Nicht nur Gärtner und Landwirte sehnten sich seit jeher nach langfristigen, verlässlichen Wettervorhersagen. Anfang des 18. Jahrhunderts erkannte der Arzt Christoph von Hellwig diese Marktlücke und ließ seinen „Hundertjährigen Kalender" drucken. Dabei beruhte dieses Kalendarium nur auf Wetteraufzeichnungen, die der Abt Mauritius Knauer von 1652 bis 1659 in Bamberg durchgeführt hatte. Denn Knauer war davon überzeugt, dass der Weltenlauf und das Wettergeschehen durch siebenjährige Zyklen bestimmt werden. Von Hellwig rechnete Knauers Aufzeichnungen auf 100 Jahre hoch, änderte sie für seine Zwecke ab – und landete damit einen Bestseller, der noch heute von manchen sehr geschätzt wird.

Schafskälte und Eisheilige

Etwas mehr Verlass ist auf die sogenannten Singularitäten wie die Schafskälte gegen Anfang Juni, die heißen Hundstage ab Ende Juli und das Weihnachtstauwetter. Solche

Für eigene Wetterbeobachtungen ist ein Regenmesser unerlässlich.

Professionelle Vorhersagen sind hilfreich, können aber kaum Auskunft über die lokalen Verhältnisse geben. Deshalb empfehlen sich auch eigene Beobachtungen und Messungen: mit einem guten Gartenthermometer und Regenmesser, eventuell ergänzt durch Windsack oder Wetterhahn sowie Barometer und Hygrometer. Das Thermometer wird am besten im Schatten und rund 2 m über dem Boden angebracht, der Regenmesser nur 1 m hoch und so, dass er das Nass ungehindert auffängt, ein Windsack in 10 m Höhe.

„Ausreißer" im Witterungsverlauf traten über Jahrhunderte recht regelmäßig auf und wurden auch in vielen Bauernregeln festgehalten. Doch sie sind durch den Klimawandel undeutlicher und weniger vorhersehbar geworden. Gerade für Gärtnerinnen und Gärtner waren die Eisheiligen, also die letzten Spätfröste um Mitte Mai, früher ein wichtiger Fixtermin, z. B. um danach die Tomaten auszupflanzen. Doch schon vor Jahrzehnten schienen die Eisheiligen fast ausgestorben – bis sie sich dann 2020 und 2021 vielerorts wieder zurückmeldeten.

Moderne Vorhersagen

Es ist nach wie vor gut zu wissen, dass die Eisheiligen ebenso auftreten können wie etwa die kühl-regnerischen Tage um Siebenschläfer (27.6.). Aber die besten Anhaltspunkte bieten Wettervorhersagen auf der Grundlage umfangreicher Messnetze, der Auswertung atmosphärischer Daten und rechnergestützter Prognosemodelle. So bietet z. B. der Deutsche Wetterdienst (DWD) auf seiner Website sogar Infos und Tipps zum Gartenwetter an: www.dwd.de/DE/fachnutzer/freizeitgaertner/1_gartenwetter/_node.html

Doch bei allem, was Hightech heute möglich macht: Die Vorgänge in unserer Atmosphäre sind schlicht und einfach „chaotisch". Deshalb gelten Vorhersagen nur für die nächsten fünf bis maximal zehn Tage als einigermaßen zuverlässig. Längerfristige Prognosen nimmt man besser nicht allzu ernst. (may)

März

Der Mond wirkt als kosmischer Spiegel für Tierkreiskräfte bei seiner Wanderung durch die Tierkreiszeichen:

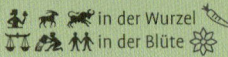 in der Wurzel 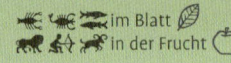 im Blatt

in der Blüte   in der Frucht

26 Montag

27 Dienstag

28 Mittwoch

29 Donnerstag

1 Freitag

■ Winterabdeckungen lüften – an sonnigen Tagen Vlies vom Feldsalat entfernen.

Pflanzzeit

S: 07:06 – 18:03
M: 00:00 – 08:49

2 Samstag

S: 07:04 – 18:05
M: 00:57 – 09:07

3 Sonntag

◑ 16:23

S: 07:02 – 18:07
M: 02:15 – 09:34

■ Hl. Kunigunde

Pflanzzeit

4 Montag

S: 07:00 – 18:08
M: 03:31 – 10:13

■ Sellerie im Warmen aussäen.

5 Dienstag

S: 06:57 – 18:10
M: 04:37 – 11:09

6 Mittwoch

S: 06:55 – 18:12
M: 05:28 – 12:25

■ Pastinaken, Schwarzwurzel, Radieschen und frühe Möhren aussäen.

7 Donnerstag

S: 06:53 – 18:14
M: 06:05 – 13:54

■ Blumen und Kräuter wie Basilikum im Warmen aussäen.

8 Freitag

S: 06:51 – 18:15
M: 06:31 – 15:28

■ Kurz vor Neumond besser nicht säen oder pflanzen.

■ Internationaler Frauentag (Feiertag in BE und MV)

9 Samstag

S: 06:49 – 18:17
M: 06:50 – 17:03

10 Sonntag

● 10:00

S: 06:46 – 18:19
M: 07:05 – 18:36

■ Mond in Erdnähe ist ungünstig für Saat und Pflanzung.

■ 40 Märtyrer

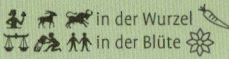 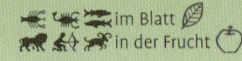
11 Montag

S: 06:44 – 18:20
M: 07:19 – 20:07

12 Dienstag

■ Mond am Knoten ist ungünstig für Saat und Pflanzung.

S: 06:42 – 18:22
M: 07:32 – 21:38

■ St. Gregor

13 Mittwoch

■ Tomaten, Paprika und Auberginen im Warmen aussäen.

■ GiardiaZÜRICH Leben im Garten • Zürich, Schweiz 13.–17.3. • Infos siehe Seite 194

S: 06:40 – 18:24
M: 07:47 – 23:08

14 Donnerstag

S: 06:37 – 18:26
M: 08:05 – 24:00

15 Freitag

S: 06:35 – 18:27
M: 08:30 – 00:37

16 Samstag

S: 06:33 – 18:29
M: 09:03 – 02:00

17 Sonntag

◑ 05:11

S: 06:31 – 18:31
M: 09:49 – 03:11

18 Montag

S: 06:28 – 18:32
M: 10:48 – 04:07

19 Dienstag

Salate, Frühkohl, Kohlrabi und Lauch pflanzen und bei Frostgefahr mittels Vlies schützen.

S: 06:26 – 18:34
M: 11:57 – 04:48

St. Josef

20 Mittwoch

S: 06:24 – 18:36
M: 13:10 – 05:16

Frühlingsanfang

21 Donnerstag

Dresdner Ostern • Dresden 21.–24.3. • Infos siehe Seite 194

S: 06:22 – 18:37
M: 14:24 – 05:36

St. Benedikt

22 Freitag

S: 06:19 – 18:39
M: 15:37 – 05:51

23 Samstag

Mond in Erdferne ist ungünstig für Saat und Pflanzung.

S: 06:17 – 18:41
M: 16:47 – 06:03

24 Sonntag

S: 06:15 – 18:42
M: 17:57 – 06:13

Palmsonntag

Pflanzzeit

Der Mond wirkt als kosmischer Spiegel für Tierkreiskräfte bei seiner Wanderung durch die Tierkreiszeichen:

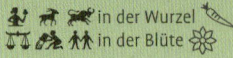 in der Wurzel
in der Blüte

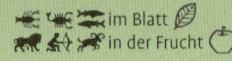 im Blatt
in der Frucht

Pflanzzeit

25 Montag

○ 08:00

♎ S: 06:12 – 18:44
❀ M: 19:06 – 06:22

■ Frühkartoffeln in flachen Kisten vorkeimen.

■ Mariä Verkündigung

26 Dienstag

♎ S: 06:10 – 18:46
❀ M: 20:17 – 06:32

■ Mond am Knoten ist ungünstig für Saat und Pflanzung.

27 Mittwoch

♎ S: 06:08 – 18:47
❀ M: 21:30 – 06:43

■ Lenzrosen- und Ostermarkt • Thurnau 27.–28.3. • Infos siehe Seite 194

■ St. Rupert

28 Donnerstag

♏ S: 06:06 – 18:49
🍃 M: 22:46 – 06:56

■ Gründonnerstag

29 Freitag

♏ S: 06:03 – 18:51
🍃 M: 00:00 – 07:13

■ Karfreitag

30 Samstag

♐ S: 06:01 – 18:52
🍎 M: 00:03 – 07:36

31 Sonntag

♐ S: 06:59 – 19:54
🍎 M: 01:19 – 09:09

■ Beerensträucher mit Kompost versorgen.

■ Ostersonntag
■ Beginn der Sommerzeit

markante strauchgestalt

Beales Mahonie

Viele Gärtnerinnen und Gärtner kennen die robuste, gedrungen wachsende Gewöhnliche Mahonie (*Mahonia aquifolium*), die in Nordamerika beheimatet ist. Die aus China stammende Beales Mahonie (*M. bealei*), auch als Schmuckmahonie bekannt, wird etwa doppelt so hoch und breit. Sie wirkt mit ihren auffallend großen Fiederblättern an den kräftigen, starren Trieben geradezu malerisch.

Blüten- und Fruchtschmuck

Schon zeitig im Frühjahr erscheinen die langen, gelben Blütentrauben in großen Büscheln an den Triebspitzen. Ihr Duft lockt bald die Hummeln an, etwas später dann die ersten Bienen. Wenn ab Juli die rundlichen Beeren erscheinen und sich allmählich blau verfärben, erfreut der ansehnliche Strauch auch die Vogelwelt. Gekocht und gezuckert lassen sich die reifen Beeren mit ihrem dunkelroten Saft für Marmeladen, Gelees und Fruchtsäfte verwenden.

Wind- und Wurzelschutz

Am besten gedeiht die Schmuckmahonie an einem Platz, der vor starken Winden und praller Wintersonne geschützt ist. Weil sie vor allem in den ersten Jahren etwas frostempfindlich ist, empfiehlt sich eine Mulchschicht über dem Wurzelbereich. Die verbleibt am besten auch ganzjährig bzw. wird bei Bedarf erneuert, damit der Boden stets leicht feucht bleibt. Im Frühjahr versorgt man den Strauch mit Kompost. Wenn nötig, kann man ihn nach der Blüte ein wenig auslichten. (may)

Kurzporträt

Botanischer Name: *Mahonia bealei*

Wuchs: Strauch, 1,5–2,5 m hoch, 1–2 m breit, mit kräftigen, kaum verzweigten Haupttrieben

Blüte: hellgelb, in aufrechten Trauben, duftend

Blütezeit: Ende Februar bis April

Blatt: gefiedert, 30–40 cm lang, dornig gezähnt, dunkel- bis blaugrün; immergrün, über Winter oft rötlich

Ansprüche: lichtschattig bis schattig; humoser, frischer Boden; stadtklimaverträglich

Verwendung: in Einzelstellung, in Hecken, als Unterpflanzung von Bäumen

Besonderheiten: ab Spätsommer blauschwarze, hellblau bereifte Beeren, roh ungenießbar

Hohler Lerchensporn – lichtliebender Frühblüher im Wald

Bevor die noch kahlen Bäume und Sträucher ihr Laub ausbilden, schlägt die Stunde der Frühblüher im Wald, um so noch das volle Sonnenlicht ausnutzen zu können. Speziell in Buchen- und Eichenwäldern kann man daher jetzt gut den Hohlen Lerchensporn mit seinen leicht duftenden Blüten entdecken. Die 15-30 cm hoch wachsende, krautige Pflanze blüht in Trauben mit zehn bis 20 einzelnen purpurfarbenen bis violetten oder weißen Blüten. Sie wächst in kleinen „Rudeln", kann aber auch großflächige Teppiche bilden. Meistens besteht eine Population aus gleichviel purpurfarbenen und weiß blühenden Exemplaren. Der Name der giftigen Pflanze kommt wohl daher, dass die Blüten an die Krallen der Lerche erinnern. (kie)

Ziergarten

>> Das Duft-Veilchen erfreut im März/April nicht nur mit seinen kleinen leuchtenden Blüten, sondern auch mit einem feinen Duft. Mittlerweile gibt es viele verschiedene Sorten, die einen Blick wert sind. Sie haben teils gefüllt Blüten, und auch die Blütenfarbe ist nicht mehr auf verschiedene Violetttöne beschränkt; diese zeigen sich vielmehr auch in Creme, fast Weiß, Gelblich und Rosa.

>> Beim Huflattich sollte man die verwelkten Blüten abschneiden, damit er keine Samen produziert und sich unkontrolliert und in Massen im Garten ausbreitet.

>> Die Schneeforsythie besticht ab März mit einer Fülle nach Mandeln duftenden Blüten, die sich an den noch unbelaubten Zweigen öffnen. Damit das so bleibt, sollten Sie die Sträucher nach einigen Standjahren regelmäßig nach der Blüte auslichten. Dazu schneidet man am besten ein paar der älteren Triebe knapp über dem Boden weg und dünnt zu dicht stehende Zweige etwas aus.

>> Ringelblumen sowie Kornblumen können unter Umständen schon in diesem Monat ins Freiland gesät werden. Möglicherweise müssen Sie damit aber noch bis April warten.

>> Die beste Pflanzzeit für Ranunkeln beginnt im Garten etwa Mitte März.

Gemüsegarten

>> Wer keinen eigenen Garten besitzt, sondern nur den Balkon zum Anbauen hat, muss nicht auf eine bunte Salatpalette verzichten. Denn es gibt spezielle Mischungen für den Balkonkasten, die verschiedene Sorten enthalten, die zusammen einen schmackhaften Sommersalat ergeben und unter günstigen Bedingungen sogar mehrfach beerntet werden können.

>> Gegen die verschiedenen Minierfliegen und andere Fliegen mit minierenden Larven gibt es keine zugelassenen Pflanzenschutzmittel. Das bedeutet aber nicht, dass man ihnen das Feld überlassen muss. Denn durch einige Maßnahmen kann man sich durchaus gegen diese Schädlinge wehren. Dazu zählen die Förderung natürlicher Feinde, der Einsatz gezüchteter Nützlinge, das Verwendung von Kulturschutznetzen, die Jungpflanzenanzucht sowie das mechanische Absammeln und Fangen.

>> Möchte Sie mehrjährige Kräuter wie Zitronen-Melisse, Liebstöckel, Minze oder Estragon verjüngen, dann können Sie die Pflanzen ab Mitte des Monats teilen und verpflanzen. Auf diese Weise lassen sie sich auch ganz einfach vermehren.

>> Lauchzwiebeln können ab jetzt problemlos direkt ins Freiland gesät werden.

Schwere Steckzwiebel

'Rote Gr. 12/24 250G' ist eine rote Zwiebel, die man im März/April mit 25 cm Abstand etwa 5 cm tief ins Freiland stecken kann. Sie benötigt einen sonnigen Standort und entwickelt, wie ihr Name schon verrät, bis zu 250 g schwere Zwiebeln, die im Juli/August geerntet werden können. Diese sind intensiv dunkelrot gefärbt und erinnern im Geschmack an 'Stuttgarter Riesen', wobei sie jedoch pikanter sind. (red)

Zwergaprikose

Mit der Sorte 'Garden Aprigold' steht mittlerweile eine sehr schwach wachsende, kompakte Aprikose zur Verfügung, die sich gut für die Kultur auf dem Balkon oder der Terrasse eignet. Sie erreicht auch nach zehn Jahren nur 1,5-1,8 m Höhe und schmückt sich im Frühjahr mit zahlreichen weiß-rosa Blüten. Aus diesen entwickeln sich große, goldgelbe, auf der Sonnenseite orange gefärbte Früchte. Diese reifen Mitte bis Ende Juli und weisen dann ein typisches Aprikosenaroma mit ausgeprägter Süße auf. Die selbstfruchtbare 'Garden Aprigold' gilt als sehr gesund, mag jedoch keine Staunässe. (red)

Obstgarten

>> Bei den Erdbeeren können Sie jetzt die verdorrten Blätter entfernen. Lockern Sie dann auch gleich die Erde und entfernen das Unkraut. Anschließend sollten Sie Kompost ausbringen.

>> Zwar sind die angebotenen Aprikosensorten in der Regel selbstfruchtbar, wenn sie allerdings im März bei noch nasskalter Witterung blühen, dann fehlen schon mal die passenden Bestäuber. Sie können der Befruchtung dann mit einem feinen Haarpinsel nachhelfen und so für einen guten Ertrag sorgen.

>> Besonders kleine Obstbäume auf schwachwachsenden Unterlagen, die im Kübel kultiviert werden, benötigen nun Dünger. Denken Sie auch daran, diese Pflanzen regelmäßig mit Wasser zu versorgen.

>> Etwa Ende Februar/Anfang März ist ein guter Zeitpunkt, um die Obstgehölze zu düngen. Damit es aber nicht zu einem Überangebot an bestimmten Nährstoffen kommt, sollten Sie mindestens alle fünf Jahre eine Bodenuntersuchung beauftragen.

>> Die Leimringe zur Frostspannerbekämpfung sollten im Verlauf des Monats entfernt werden, damit sie nicht in die Rinde einwachsen. Auch schützt man so die Nützlinge, die nun langsam wieder aktiv werden und ansonsten eventuell am Leim kleben bleiben würden.

Kü-Ka-Lei-Wa

Ein basen-überschüssiges Getränk

Zutaten für einen Kurtag:
500 g rohe, geschälte und klein geschnittene Kartoffeln, 2 TL Kümmel (oder Fenchelsamen), 2 TL Leinsamen, 1 l Wasser

Alle Zutaten in 1 l Wasser 20 min köcheln, dann abgießen und das Wasser auffangen!
Kümmel, Kartoffeln, Leinsamen, Wasser - Kü-Ka-Lei-Wa - die Kartoffel gehört zu den basenüberschüssigsten Nahrungsmitteln, die wir haben. Sie schützt die Magenschleimhaut, puffert Säuren ab und lindert rheumatische Beschwerden. Bei Übersäuerung oder Sodbrennen dieses „Kü-Ka-Lei-Wasser" warm trinken: morgens 30 min vor dem Frühstück, dann über den Tag verteilt und als letzten Abendtrunk (im Kühlschrank aufbewahren und die entsprechende Menge anwärmen). 4-6 Wochen lang täglich trinken; danach bei Bedarf als Morgengetränk beibehalten. Jeden Morgen frisch zubereiten.

Dieses Rezept wurde entnommen aus „Heilkraft von Obst und Gemüse" von Ursel Bühring und Bernadette Bächle-Helde, erschienen im Verlag Eugen Ulmer, ISBN 978-3-8186-1371-6.

Mehrjährige Gemüse-spezialitäten

Auch wer sich noch nicht mit Spargel, Rhabarber, Topinambur und Artischocke versucht hat, kennt sie als mehrjährige Gemüse. Doch es gibt eine Reihe weiterer Arten, die über mehrere Jahre hinweg schmackhafte Ernten liefern und oft recht einfach anzubauen sind.

Der Anbau von eigenem, gesundem Gemüse ist heute voll im Trend. Das hat auch Interesse an bisher noch recht unbekannten Arten geweckt. Manche wie die Erdmandel und die Etagenzwiebel sind „Exoten". Andere wie der Sauerampfer wurden früher bei uns häufig kultiviert, waren aber zwischendurch in Vergessenheit geraten.

Delikate Knollengemüse

Hierzu gehören der hübsch rosaviolett blühende Knollen-Ziest (*Stachys affinis*), die mit dem Zypergras verwandte Erdmandel (*Cyperus esculentus*) und die duftwicken-ähnliche Knollen-Platterbse (*Lathyrus tuberosus*). Die Knollen sind bei ihnen meist auch das Pflanzgut. Die Platterbse dagegen wird aus Samen angezogen. Bei allen ent-wickeln sich die erntereifen Knollen an unterirdischen Ausläufern. Bleiben einige

Knöllchen und Ausläufer im Boden, ist für Nachschub im nächsten Jahr gesorgt.

Der Knollen-Ziest bildet perlschnurartig eingeschnürte, weiße, bis 6 cm lange Knöllchen, die Erdmandel kleine braunschalige Knollen. Sie schmecken nussig, teils etwas süßlich, und können roh, gedünstet und angebraten genossen werden. Das gilt auch für die rübenähnlichen Knollen der Platterbse, die geschmacklich an Esskastanien erinnern.

Die Knollen des Knollen-Ziests haben eine ganz typische Form.

Würzige Salate und Blattgemüse

Mehrjährige Salate wie der aromatische, leicht bittere Krähenfuß-Wegerich (*Plantago coronopus*) und der mild säuerliche Garten-Sauerampfer (*Rumex rugosus*) bringen neue Geschmacksnuancen in die Salatschüssel, den Quark und die Kräutersuppe. Dazu kommen Salate mit würzig scharfem Aroma wie die Echte Brunnenkresse (*Nasturtium officinale*) und die Wilde Rauke (Schmalblättrige Doppelsame, *Diplotaxis tenuifolia*). Echtes Löffelkraut (*Cochlearia officinalis*) und Winterkresse (Gewöhnliches Barbarakraut, *Barbarea vulgaris*) siedeln sich oft durch Selbstaussaat dauerhaft an – und liefern auch über Winter angenehm scharfe und vitaminreiche Blätter. Den Wiesen-Löwenzahn (*Taraxacum* sect. Ruderalia) nicht zu vergessen, der in Frankreich schon seit Langem als mehrjährige Salat- und Gemüsepflanze geschätzt wird.

Luftiges Zwiebelgemüse

Die eigentlich mehrjährige Küchenzwiebel kann naturgemäß nicht überdauern, weil wir ihre Speicherorgane ernten. Dagegen lassen sich winterfeste Verwandte mit oberirdischen Brutzwiebeln mehrere Jahre nutzen – allen voran die Etagen- oder Luftzwiebel (Ägyptische Zwiebel, *Allium cepa* Proliferum Grp). Sie bildet an ihren bis 80 cm hohen Stängelspitzen keine Blüten, sondern Brutzwiebeln. Aus diesen treiben Sprosse, an deren Spitze wiederum neue Brutzwiebeln entstehen: So baut sie sich Etage für Etage auf, mit schmackhaften Zwiebeln „aus der Luft". Im Spätsommer knicken die Triebe um, die Brutzwiebeln bilden bei Bodenkontakt Wurzeln und können zur Vermehrung abgetrennt werden. (may)

In Valencia wird aus Erdmandeln ein beliebtes Getränk hergestellt.

Ein Kohl für die Ewigkeit

Der robuste Ewige Kohl oder Staudenkohl (*Brassica oleracea* var. *ramosa*) setzt äußerst selten Blüten und Samen an, sodass man ihn über viele Jahre beernten kann. Die rund 80 cm hohe, großblättrige Pflanze senkt ihre langen Triebe oft zum Boden herab und bildet dort Wurzeln. So kann man sie leicht über Ausläufer vermehren. Ewiger Kohl wird im Frühjahr mit 60-70 cm Abstand gepflanzt und braucht eine gute Wasser- und Nährstoffversorgung. Seine Blätter schmecken ein wenig nach Wirsing und lassen sich fast rund ums Jahr ernten.

April

Der Mond wirkt als kosmischer Spiegel für Tierkreiskräfte bei
seiner Wanderung durch die Tierkreiszeichen:

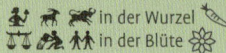 in der Wurzel 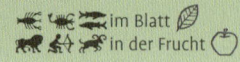 im Blatt
in der Blüte in der Frucht

1 Montag

Pflanzzeit

S: 06:57 – 19:56
M: 03:28 – 09:58

■ Ostermontag

2 Dienstag

◑ 05:15

S: 06:54 – 19:57
M: 04:23 – 11:05

3 Mittwoch

S: 06:52 – 19:59
M: 05:04 – 12:26

4 Donnerstag

■ Garten outdoor • ambiente • Stuttgart 4.–7.4. • Infos siehe Seite 194

S: 06:50 – 20:01
M: 05:32 – 13:56

5 Freitag

■ Salate und Frühkohlarten im Frühbeet pflanzen. Spinat aussäen

■ Blühendes Österreich – Messe für Garten, Urlaub & Camping • Wels, Österreich
5.–7.4. • Infos siehe Seite 194

S: 06:48 – 20:02
M: 05:53 – 15:27

6 Samstag

■ Kurz vor Neumond besser nicht säen oder pflanzen.

S: 06:46 – 20:04
M: 06:09 – 16:59

7 Sonntag

■ Mond in Erdnähe ist ungünstig für Saat und Pflanzung.

S: 06:43 – 20:06
M: 06:23 – 18:30

■ St. Aaron & St. Justin

8 Montag

● 20:21

S: 06:41 – 20:07
M: 06:36 – 20:01

■ Mond am Knoten ist ungünstig für Saat und Pflanzung.

9 Dienstag

S: 06:39 – 20:09
M: 06:51 – 21:33

10 Mittwoch

S: 06:37 – 20:11
M: 07:07 – 23:05

■ Tomaten- und Paprikasämlinge pikieren. Gurken im Warmen aussäen.

■ Ezechiel

11 Donnerstag

S: 06:35 – 20:12
M: 07:29 – 24:00

■ Radieschen, Rettiche, Rote Bete, Möhren und Pastinaken an Ort und Stelle aussäen.

12 Freitag

S: 06:32 – 20:14
M: 07:58 – 00:34

■ Vorgekeimte Kartoffeln pflanzen.

13 Samstag

S: 06:30 – 20:16
M: 08:40 – 01:54

14 Sonntag

Pflanzzeit

S: 06:28 – 20:17
M: 09:35 – 02:59

Der Mond wirkt als kosmischer Spiegel für Tierkreiskräfte bei seiner Wanderung durch die Tierkreiszeichen:

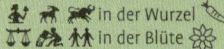 in der Wurzel   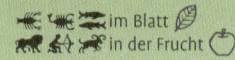 im Blatt
in der Blüte   in der Frucht

Pflanzzeit

15 Montag

● 21:13

S: 06:26 – 20:19
M: 10:42 – 03:47

16 Dienstag

■ Frühkohl, Brokkoli, Kohlrabi und Salate pflanzen. Asiasalate und Rucola aussäen.

S: 06:24 – 20:21
M: 11:56 – 04:19

17 Mittwoch

S: 06:22 – 20:22
M: 13:11 – 04:42

18 Donnerstag

S: 06:20 – 20:24
M: 14:24 – 04:58

19 Freitag

■ Landesgartenschau Bad Dürrenberg • Bad Dürrenberg 19.4.–13.10. • Infos siehe Seite 194

■ Landesgartenschau Wangen im Allgäu • Wangen im Allgäu 19.4.–13.10. • Infos siehe Seite 195

S: 06:17 – 20:26
M: 15:36 – 05:11

20 Samstag

■ Mond in Erdferne ist ungünstig für Saat und Pflanzung.

S: 06:15 – 20:27
M: 16:45 – 05:22

21 Sonntag

S: 06:13 – 20:29
M: 17:55 – 05:32

Pflanzzeit

---

22 Montag

♎

S: 06:11 – 20:31
M: 19:05 – 05:41

■ Mond am Knoten ist ungünstig für Saat und Pflanzung.
■ In warmen Klimalagen können Kübelpflanzen schon ins Freie.

---

23 Dienstag

♎

S: 06:09 – 20:32
M: 20:18 – 05:52

■ St. Georg

---

24 Mittwoch

○ 01:49

♏

S: 06:07 – 20:34
M: 21:33 – 06:04

---

25 Donnerstag

♏

S: 06:05 – 20:36
M: 22:51 – 06:19

■ Frostempfindliches Gemüse nachts mittels Vlies oder Folientunnel schützen.

■ St. Markus

---

26 Freitag

♏

S: 06:03 – 20:37
M: 00:00 – 06:41

---

27 Samstag

♐

S: 06:01 – 20:39
M: 00:09 – 07:11

---

28 Sonntag

♐

S: 05:59 – 20:41
M: 01:20 – 07:55

■ St. Vital

Der Mond wirkt als kosmischer Spiegel für Tierkreiskräfte bei seiner Wanderung durch die Tierkreiszeichen:

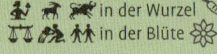 in der Wurzel   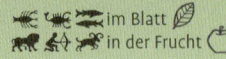 im Blatt 🍃

♈♎♋♒ in der Blüte ❄   in der Frucht 🍎

18. Woche

29 Montag

🐐
S: 05:58 – 20:42
M: 02:20 – 08:55

°C

30 Dienstag

🐐
S: 05:56 – 20:44
M: 03:04 – 10:11

°C

1 Mittwoch

°C

2 Donnerstag

°C

3 Freitag

°C

4 Samstag

°C

5 Sonntag

°C

54

warmes Frühsommer- leuchten

Goldlack

Wie mit goldglänzendem Lack überzogen: So wirkten die Blüten auf unsere Vorfahren, die dieser Blume ihren deutschen Namen gaben. Der aus Südeuropa stammende Goldlack wurde bei uns schon im Mittelalter in den Kloster- und Bauerngärten gepflanzt. Seither erfreuen seine duftenden Blüten im Frühsommer nicht nur die Betrachter, sondern auch Bienen, Hummeln und Schwebfliegen.

Bestechende Farbnuancen

Zum leuchtenden Gelb haben sich dank der Züchter zahlreiche weitere Farbtöne gesellt, bis hin zu Rosa und Violett. Oft werden die Samen in reizvollen Farbmischungen angeboten. Niedrige Sorten, z. B. aus der 'Bedder'-Serie, eignen sich auch gut für Balkonkästen und Töpfe. Mit seiner Blütezeit ab dem Spätfrühling harmoniert der Goldlack sehr schön mit Vergissmeinnicht, Tulpen und Traubenhyazinthen. Goldlack wird oft nur zweijährig gezogen. Dank der zunehmend milden Winter kann er aber auch als ausdauernde, an der Basis verholzende Staude wachsen.

Bewährte Saatzeiten

Sie können Goldlack zwischen Mai und Juli vorziehen oder direkt ins Beet säen und später auf 20–25 cm Abstand ausdünnen. Wenn Sie die Spitzen der Jungpflanzen bei rund 15 cm Höhe kappen, wachsen sie schön kompakt. Vorgezogene Pflanzen werden im August oder September nach draußen gesetzt und über Winter mit Fichtenreisig oder Vlies abgedeckt. (may)

Kurzporträt

Botanischer Name: *Erysimum cheiri*

Wuchs: zweijährige Sommerblume, Staude, buschig, 20–70 cm hoch

Blüte: Stieltellerblüten, zu zehn bis 30 in Trauben, gelb, orange, rot, rosa, violett, weiß, veilchenähnlicher Duft

Blütezeit: April bis Juni/Juli

Blatt: schmal, bis 10 cm lang, am Stängelgrund in einer Rosette; wintergrün

Ansprüche: sonnig; durchlässiger, frischer bis trockener, bevorzugt kalkhaltiger Boden

Verwendung: in Gruppen auf Beeten, in Kästen und Töpfen; als Schnittblumen

Besonderheiten: Alle Pflanzenteile, besonders die Samen, sind sehr giftig!

Ziergarten

>> Sie können jetzt essbare Blumen wie Primeln, Gänseblümchen und Veilchen ernten und diese für Salate oder zum Dekorieren verwenden. Bei Bedarf lassen sie sich auch mit Eiweiß und Zucker kandieren.

>> Wenn Sie bei der Kaukasus-Gämswurz die verwelkten Blütenstängel entfernen, dann können Sie auf diese Weise die Blühdauer verlängern. Das freut auch Bienen, Schwebfliegen und Hummeln, die diese Staude gerne besuchen.

>> Immergrüne Rhododendren und Azaleen sollte man bevorzugt im Frühjahr pflanzen. Greifen Sie dabei am besten zu den trockenheits-, sonnen- und hitzeverträglichen Sorten, die mittlerweile angeboten werden.

>> Denken Sie daran, im Frühjahr blühende Sträucher wie die Forsythie nach der Blüte auszulichten.

>> Entfernen Sie bei Bedarf Unkraut aus Ihrem Rasen, am besten manuell. Wem das zu mühselig ist, der kann auch zu einem Rasendünger mit Unkrautvernichter greifen, wobei dem Jäten doch der Vorzug gegeben werden sollte. Sie können das Unkraut allerdings auch einfach tolerieren, wenn es kein „perfekter" Rasen sein muss.

>> Wenn Sie Anfang des Monats noch Stockrosen vorziehen, um diese im Mai auszupflanzen, dann denken Sie daran, sie nicht dorthin zu pflanzen, wo im letzten Jahr schon Stockrosen gestanden haben. Das gilt besonders dann, wenn diese mit Malvenrost infiziert waren.

Schon entdeckt?

Hauhechel-Bläuling – hübscher Falter in Blau

Dieser ca. 3 cm große Tagfalter fühlt sich in den Monaten April bis September am wohlsten inmitten blühender Wiesen. Man findet ihn aber auch an Böschungen oder am Waldrand - sofern das Nektarangebot reichlich ist. Die Geschlechter lassen sich bei dieser Art gut unterscheiden: Während die Flügel der Männchen auf der Oberseite in einem kräftigen, leicht ins Violett gehende Blau funkeln, sind die Flügel der Weibchen eher unauffällig braun gefärbt mit einem individuellen kleinen Blauanteil sowie orangen Flecken an den Außenrändern des hinteren Flügelpaares. Auf der Unterseite sind beide Geschlechter gleich gefärbt - graubraun mit schwarzen, weiß umrandeten Punkten und orange gefärbten Tupfen am Flügelsaum. (kie)

Gemüsegarten

➤ Steht zu befürchten, dass die erste Maihälfte eher kalt wird, dann sollte man Bohnen nicht direkt ins Freiland säen, sondern in der letzten Aprilwoche im Warmen vorziehen und erst nach den letzten Frösten auspflanzen.

➤ Mehrjährige Gemüsearten wie Meerkohl, Artischocken oder Meerrettich können jetzt mit Hornspänen und Kompost versorgt werden.

➤ Wenn Sie jetzt Rhabarber ernten, dann denken Sie daran, die Stiele nur am Ansatz abzudrehen und nicht abzuschneiden. Ansonsten besteht die Gefahr, dass die verbleibenden Stielstücke verfaulen.

➤ Feuerbohnen können zumeist schon Ende April/ Anfang Mai direkt ins Freiland gesät werden. Bewährt hat sich dabei eine Horstsaat mit sechs bis acht Samen pro Horst. Wie Stangenbohnen benötigen die hübschen Feuerbohnen eine Rankhilfe in Form von Schnüren, Stangen oder eines Klettergerüsts. Sie können sie aber auch an einem Zaun wachsen lassen.

➤ Haben Sie ein älteres Hochbeet, dann sollten Sie im März/April prüfen, ob die Erde eventuell stellenweise abgesackt ist. Ist dies der Fall, dann sollten Sie neues Substrat ausbringen und den Höhenunterschied ausgleichen. Generell ist es vorteilhaft, wenn man etwa alle fünf bis sieben Jahre das komplette Substrat einmal austauscht.

Durchgefärbte Stängel

'Redbarber' ist ein Rhabarber, dessen mittellangen, mitteldicken Stängel zuverlässig außen und innen intensiv dunkelrot durchgefärbt sind. Sie können ab April geerntet werden, müssen nicht geschält werden und schmecken überaus mild und wenig sauer. 'Redbarber' wächst schnell in die Breite, wird etwa 40–60 cm hoch und breit und liefert einen sehr hohen Ertrag. Dieser Rhabarber eignet sich für Konfitüren, Mus, Kuchen, zum Dekorieren und für Sirup. (red)

Obstgarten

Zwerghimbeere

Wie der Sortenname schon verrät, stammt die Zwerghimbeere 'Rote Schwedin' aus Schweden. Sie bildet nur 1-1,20 m lange Triebe und eignet sich gut für die Kultur auf dem Balkon oder der Terrasse, macht mit ihrem dunkelroten Laub aber auch im Garten eine gute Figur. Die eher kleinen Beeren können von August bis Ende September geerntet werden und weisen ein kräftiges, sehr süßes Himbeeraroma auf. Die Pflanzen entwickeln zahlreiche Jungruten und gelten als sehr robust. Damit sich das Laub voll ausfärbt, sollte der Standort vollsonnig sein. (red)

>> Wer Stroh zum Mulchen verwendet, der sollte aufgrund des weiten Kohlenstoff-Stickstoff-Verhältnisses zusätzlich Hornmehl oder Kompost ausbringen, der den zersetzenden Mikroorganismen dann als Stickstoffquelle dient.

>> Spalierobst sollte man bei drohender Spätfrostgefahr mit Tüchern und Vlies schützen.

>> Um bei jungen bzw. frisch gepflanzten Obstbäumen die Bildung von Blütenknospen zu fördern, können Sie die Leitäste waagrecht stellen, und zwar mithilfe von Gewichten oder stabilen Bändern.

>> In diesem Monat legt der Erdbeerstängelstecher seine Eier in die Blütenknospen der Erdbeeren und beißt die Stängel dann so an, dass diese abknicken und die Eier schützen. Entdecken Sie entsprechend abgeknickte Knospen, dann entfernen und entsorgen Sie diese, damit sich die Schädlinge nicht weiter entwickeln können. Im Mai sorgt übrigens der Erdbeerblütenstecher für das gleiche Schadbild, dem man dann genauso begegnen sollte.

>> Pflanzen Sie in diesem Monat Monatserdbeeren und öftertragende Erdbeeren.

>> Im April können Beerensträucher wie Brombeeren, Johannisbeeren und Himbeeren gut durch Absenker vermehrt werden.

Spargelsalat Rot-Weiß-Grün

Für 4 Personen:

Je 750 g weißer und grüner Spargel, 100 g Zucker, 100 ml Wasser, 100 ml erhitzter weißer Balsamico-Essig, Salz, Pfeffer, 2 EL Öl, 250 g halbierte oder geviertelte Erdbeeren, 150 g geputzter Rucola, 2 EL klein gehackte Nüsse nach Wahl, 1 Bund frisches Basilikum

Dieses Rezept wurde entnommen aus „Mein Gartenkochbuch" von Katrin Schmelzle, erschienen im Verlag Eugen Ulmer, ISBN 978-3-8186-0113-3.

Den weißen Spargel komplett, beim grünen Spargel nur das untere Drittel schälen - und jeweils die unteren Enden abschneiden. Weißen Spargel in Salzwasser 15 min garen, den grünen Spargel nach 5 min Kochzeit zufügen und mitkochen. Für die Vinaigrette Zucker gleichmäßig dünn in eine trockene, fettfreie Pfanne geben und vorsichtig ohne umzurühren erwärmen, bis er goldbraun karamellisiert ist. Dann unter Rühren vorsichtig mit 100 ml heißem Wasser und heißem Essig ablöschen - Achtung, es kann spritzen! 7 min köcheln lassen. Salz, Pfeffer und Öl unterrühren. Spargel abtropfen, mit Erdbeeren und Rucola zusammen dekorativ auf Tellern anrichten. Vinaigrette darübergießen, 30 min ziehen lassen. Zum Schluss Nüsse und Pfeffer darüberstreuen. Mit Basilikumblättern garniert servieren.

Für den Igel

Ein Igel im Garten, das ist schon etwas Besonderes, denn die stacheligen Gesellen haben es eigentlich gerne wild. Schlupfwinkeln für ein Versteck, für die Kinderstube und den Winterschlaf stehen ganz oben auf ihrer Wunschliste, außerdem wilde Ecken, Blumenwiesen, Kompost und Laubhaufen.

Ein stacheliger Po wackelt in der Dämmerung durch den Garten, dann raschelt es zwischen den Sträuchern und nichts ist mehr zu sehen – solche Momente sind wunderbar. In West- und Mitteleuropa kommt vor allem der Braunbrustigel vor, der zu den liebenswertesten Gästen zählt. Allerdings müssen die Gärten, die sie aufsuchen, hohen naturnahen Ansprüchen genügen. Damit Igel Nahrung, Unterschlupf, Nester und Überwinterungsmöglichkeiten finden, brauchen sie möglichst viel Natur im Garten, dichte Hecken, für einen Unterschlupf Laub- und Totholzhaufen, eine Blumenwiese. Am liebsten ist Igeln ein bunter vielfältiger Garten, in dem ein großer Artenreichtum an Pflanzen und Tieren herrscht, denn da gibt es auch genügend Essbares.

So ein Durchlass im Zaun sorgt für freie Igelwege.

Igel zählen zu den ältesten Säugetieren der Welt, sie sind beinahe eine Art „Urtier", denn Vorfahren von ihnen lebten bereits vor 60 Millionen Jahren auf der Erde. Der Braunbrustigel mit seinen wehrhaften Stacheln hat sich vor ca. 15 Millionen Jahren entwickelt. Sein Aussehen hat er seitdem nicht mehr bedeutend verändert, und das ist wohl einzigartig unter den heimischen Säugetieren. Seine Überlebensstrategie scheint aufzugehen: Die wehrhaften Stacheln schützen ihn vor Angreifern.

Der Igelspeiseplan

Auf dem Speiseplan von Igeln steht auch mal ein Regenwurm oder ein Vogelei, hauptsächlich sind es aber doch Plagegeister und wenig geschätzte Gartengäste, die er gerne verspeist. Eulenfalter, z. B. die Wintersaateule, gehören zu dieser Gruppe, die im Garten große Schäden anrichten. In einer Nacht können Igel mehrere Dutzend davon verspeisen. Vor allem Laufkäfer, aber auch Weichkäfer, Aaskäfer, Wasserkäfer, Rüsselkäfer und noch mehr sind die Hauptmahlzeit von Igeln. Die Panzer sind dabei gar nicht so einfach zu knacken, aber die Mühe machen sich Igel, denn Käfer liefern lebensnotwendiges Protein. Mehr als ein Viertel der Beutetiere von Igeln sind Käfer, daneben fressen sie Schmetterlingsraupen, Schnecken und Spinnen.

Igelnester

Im igelfreundlichen Garten muss es auch deshalb ein bisschen wild zugehen, weil Igel Material für ihre Nester benötigen.

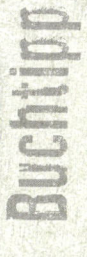
Igel sucht Unterschlupf

Wenn Sie ein Winterparadies für Tiere in Ihrem Garten schaffen möchten, dann finden Sie in diesem Ratgeber viele Tipps und Informationen rund ums Thema nachhaltige und artgerechte Winterhilfe für Vögel, Igel, Eichhörnchen und andere sympathische Tiere.

„Igel sucht Unterschlupf: So helfe ich Tieren über den Winter" von Claudia Rösen, erschienen im Verlag Eugen Ulmer, ISBN 978-3-8186-1416-4

My home is my castle – das gilt auch bei Igeln, allerdings haben sie jede Menge Nester: solche für den Tagesschlaf, andere für die Jungenaufzucht und wieder andere für den Winterschlaf. Eigentlich sind sie ständig am Bauen, und auch wenn das Ganze vielleicht auf den ersten Blick etwas unordentlich wirkt, so wird doch jedes Nest sehr sorgfältig errichtet. Als Baumaterialien werden Laub, Moos, Gras, Heu und Totholz verwendet. Ist der richtige Platz, z. B. zwischen Brombeerranken, gefunden, dann wird das Nest hergerichtet.

Bodennah

Auch wenn wir ihn mit Füßen treten, der Boden ist ein wichtiges Organ im Organismus Natur und die Grundlage für Wachsen und Gedeihen der Pflanzen. In der Natur bleiben Laub, Äste, totes organisches Material auf der Erde liegen, das dann von auf und im Boden lebenden Tieren und Mikroorganismen in fruchtbare Erde umgewandelt wird. Je mehr Bodentiere da sind, umso besser für den Igel, der sich von ihnen ernährt. Im Garten können wir das nachahmen und z. B. Erntereste und ausgedünntes Pflanzenmaterial einfach mal liegen lassen. (wei)

Wer Igeln etwas Gutes tun möchte, kann ihnen so ein Igelhaus in den Garten stellen.

Mai

Der Mond wirkt als kosmischer Spiegel für Tierkreiskräfte bei seiner Wanderung durch die Tierkreiszeichen:

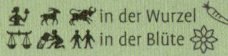 in der Wurzel
in der Blüte

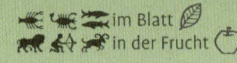 im Blatt
in der Frucht

18. Woche

29 Montag

30 Dienstag

1 Mittwoch

◑ 13:27

S: 05:54 – 20:45
M: 03:35 – 11:37

■ Maifeiertag (D) • Staatsfeiertag (A) • Tag der Arbeit (CH)
■ Hl. Walpurgis

2 Donnerstag

■ Mittels Hacken zwischen den Reihen für gute Bodenatmung sorgen.

S: 05:52 – 20:47
M: 03:58 – 13:05

3 Freitag

S: 05:50 – 20:49
M: 04:15 – 14:33

4 Samstag

■ Verschiedene Salate und Mangold für bunte Kreationen pflanzen.

S: 05:48 – 20:50
M: 04:29 – 16:01

■ St. Florian

5 Sonntag

■ Mond am Knoten ist ungünstig für Saat und Pflanzung.

S: 05:47 – 20:52
M: 04:42 – 17:29

64

6 Montag

S: 05:45 – 20:53
M: 04:55 – 18:58

- Kurz vor Neumond besser nicht säen oder pflanzen.
- Mond in Erdnähe ist ungünstig für Saat und Pflanzung.

°C

7 Dienstag

S: 05:43 – 20:55
M: 05:10 – 20:30

- Kürbisse aussäen.

- St. Stanislaus

°C

8 Mittwoch

● 05:22

S: 05:41 – 20:57
M: 05:29 – 22:01

- Zu Neumond gejätetes Unkraut wächst nicht so schnell nach.

°C

9 Donnerstag

S: 05:40 – 20:58
M: 05:54 – 23:28

- Rote Bete direkt aussäen.
- Malvern Spring Festival • Malvern, England 9.–12.5. • Infos siehe Seite 195

- Christi Himmelfahrt

°C

10 Freitag

S: 05:38 – 21:00
M: 06:30 – 24:00

°C

11 Samstag

S: 05:36 – 21:01
M: 07:20 – 00:42

- 26. Freisinger Gartentage • Kloster Neustift Freising • 11.–12.5. • Infos siehe Seite 195

°C

12 Sonntag

Pflanzzeit

S: 05:35 – 21:03
M: 08:24 – 01:38

- Muttertag
- St. Pankratius

°C

Der Mond wirkt als kosmischer Spiegel für Tierkreiskräfte bei seiner Wanderung durch die Tierkreiszeichen:

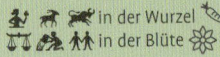 in der Wurzel
in der Blüte

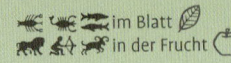 im Blatt
in der Frucht

13 Montag	**Pflanzzeit**	■ Vorgezogene Balkon-, Terrassen- und Sommerblumen pflanzen.

S: 05:33 – 21:04
M: 09:38 – 02:18

■ St. Servatius

14 Dienstag

S: 05:32 – 21:06
M: 10:54 – 02:45

■ St. Bonifatius

15 Mittwoch

● 13:48

S: 05:30 – 21:07
M: 12:09 – 03:04

■ Tomaten, Paprika, Gurken, Zucchini, Kürbisse, Zuckermais und Auberginen pflanzen.
■ Bayerische Landesgartenschau Kirchheim • Kirchheim 15.5.–6.10. • Infos siehe Seite 195

■ Hl. Sophie

16 Donnerstag

S: 05:29 – 21:09
M: 13:22 – 03:18

■ St. Nepomuk

17 Freitag

S: 05:28 – 21:10
M: 14:32 – 03:30

■ Mond in Erdferne ist ungünstig für Saat und Pflanzung.
■ 25. Tölzer Rosen- und Gartentage • Bad Tölz 17.–20.5. • Infos siehe Seite 195
■ Fürstliches Gartenfest Schloss Fasanerie • Eichenzell 17.–20.5. • Infos siehe Seite 195

18 Samstag

S: 05:26 – 21:12
M: 15:41 – 03:40

■ Rosen-, Kunst- und Gartentage • Hollfeld 18.–19.5. • Infos siehe Seite 195

19 Sonntag

S: 05:25 – 21:13
M: 16:51 – 03:49

■ Mond am Knoten ist ungünstig für Saat und Pflanzung.

■ Pfingstsonntag

Pflanzzeit

20 Montag

S: 05:24 – 21:14
M: 18:03 – 03:59

■ Pfingstmontag

21 Dienstag

S: 05:22 – 21:16
M: 19:17 – 04:11

■ Stauden wie Pfingstrosen aufbinden.
■ Chelsea Flower Show • London, England 21.–25.5. • Infos siehe Seite 195

22 Mittwoch

S: 05:21 – 21:17
M: 20:35 – 04:25

■ Gemüsebeete mulchen, um Feuchtigkeit und gute Bodengare aufrechtzuerhalten.

23 Donnerstag

○ 15:53

S: 05:20 – 21:19
M: 21:54 – 04:45

■ Rucola regelmäßig ernten.

24 Freitag

S: 05:19 – 21:20
M: 23:09 – 05:12

■ Blühende Träume – Tiroler Gartentage • Innsbruck, Österreich 24.–26.5. • Infos siehe Seite 195

25 Samstag

S: 05:18 – 21:21
M: 00:00 – 05:52

■ St. Urban

26 Sonntag

S: 05:17 – 21:22
M: 00:14 – 06:48

°C

°C

°C

°C

°C

°C

°C

Der Mond wirkt als kosmischer Spiegel für Tierkreiskräfte bei seiner Wanderung durch die Tierkreiszeichen:

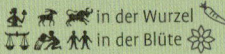 in der Wurzel
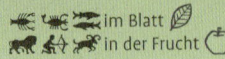 in der Blüte

im Blatt
in der Frucht

27 Montag

S: 05:16 – 21:24
M: 01:04 – 08:01

28 Dienstag

S: 05:15 – 21:25
M: 01:39 – 09:24

29 Mittwoch

S: 05:14 – 21:26
M: 02:03 – 10:52

30 Donnerstag

 19:13

S: 05:13 – 21:27
M: 02:21 – 12:19

■ Fronleichnam (Feiertag in BW, BY, HE, NW, RP, SL und teilweise SN und TH)

31 Freitag

■ Salate in gleichmäßigen Abständen nachpflanzen, um Erntelücken zu vermeiden.

S: 05:12 – 21:28
M: 02:36 – 13:44

1 Samstag

2 Sonntag

charmante Blüten-teppiche

Polster-Phlox

Die hochwüchsigen Stauden-Phlox-Verwandten dieser hübschen Polsterpflanzen sind auch als Flammenblumen bekannt, weil ihre Blütenfarben weithin leuchten. Mit derselben intensiven Leuchtkraft können auch die blütenübersäten Teppiche und Matten dieser Zwergstauden beeindrucken.

Durchlässige Standorte wählen

Unter der Bezeichnung Polster- oder Teppich-Phlox sind zwei verschiedene, recht ähnliche Arten bekannt: *Phlox subulata* wächst ziemlich kräftig, *P. douglasii* zierlicher und breitet sich weniger stark aus. Doch auch *P. subulata* ist kein aufdringlicher Wucherer und lässt sich schön mit Partnern wie Blaukissen, Steinkraut und kleinen Glockenblumen kombinieren. Als typische Steingartenpflanzen bevorzugen die Polster-Phloxe nicht allzu nährstoffreiche Böden, gerne mit hohem Sand- und Kiesanteil, aber mit geringem Kalkgehalt.

Dichte Teppiche pflanzen

Polster-Phloxe werden am besten im Frühjahr gepflanzt: *P. subulata* mit 30 cm Abstand und rund zehn Pflanzen pro m², *P. douglasii* ein wenig dichter, mit 25 cm Abstand. Bei *P. subulata* fördert ein Rückschnitt nach der Blüte kompakten, polsterförmigen Wuchs und beugt zudem einem Befall mit Stängelnematoden vor. Eine Abdeckung mit Fichtenreisig schützt die Polsterstauden nicht nur vor winterlichen Frösten, sondern auch vor der Wintersonne. (may)

Kurzporträt

Botanischer Name:
Phlox subulata, P. douglasii
Wuchs: Stauden, bilden dichte flache Teppiche mit kriechenden Trieben, 5–15 cm hoch
Blüte: klein, sternförmig, in Doldentrauben, rosa, rot, violett, hellblau, weiß, auch zweifarbig, duftend
Blütezeit: April/Mai bis Juni
Blatt: schmal, nadelähnlich; wintergrün
Ansprüche: sonnig, warm; gut durchlässiger, trockener bis frischer Boden
Verwendung: in Gruppen im Steingarten, auf Mauerkronen, am Hang, als Weg- und Terrasseneinfassung; in Pflanzgefäßen
Besonderheiten: sehr bienenfreundliche Blütenpflanzen

Biber - geschickter Baumeister am Wasser

Fast schon ausgestorben, kann man den größten Nager Deutschlands mittlerweile wieder in freier Wildbahn antreffen. Möglich wurde dies durch erfolgreiche Wiederansiedlungen. Auffällig angenagte Stämme am Uferrand und aufgetürmte Zweige und Äste in naturbelassenen Gewässern verraten diesen genialen Architekten im Pelz. Am ehesten kann man Biber in den späten Abendstunden beobachten, wenn sie aus ihrem Bau kommen - der markanten frei stehenden Biberburg oder aus der kaum sichtbaren, in steile Uferböschungen gebauten Erdburg. Bei beiden Varianten liegt der mit Blättern und Spänen gepolsterte Wohnbereich trocken und oberhalb der Wasseroberfläche. Der Eingang befindet sich dagegen zum Schutz vor Feinde immer gut versteckt unter Wasser. (kie)

Ziergarten

>> Wer Fische in seinem Gartenteich hat, der kann bei Wassertemperaturen ab 12 °C vorsichtig wieder mit dem Füttern anfangen.

>> Der Rasen sollte weiterhin regelmäßig gemäht werden.

>> Marienkäfer sind wichtige Blattlausgegenspieler. Es ist daher sinnvoll, sie im Garten möglichst zu fördern, also keine chemischen Pflanzenschutzmittel zu verwenden und ihnen beispielsweise einen Laubhaufen anzulegen, in dem sie überwintern können.

>> Soll Ihr Flieder im nächsten Jahr wieder üppig und prachtvoll blühen, dann sollten Sie nach dem Blütenende die alten Blütenstände herausschneiden. Dadurch wird der neue Ansatz gefördert.

>> Stellen Sie Ihre frostempfindlichen Topf- und Kübelpflanzen etwa zur Monatsmitte nach draußen, sobald keine Fröste mehr zu erwarten sind.

>> In diesem Monat kann man gut eine Blumenwiese anlegen. Graben Sie dazu die ausgewählte Fläche um, und harken Sie sie anschließend fein durch. Danach kann gesät werden. Wichtig ist, dass Sie nach der Aussaat auf eine ausreichende Wasserversorgung achten.

>> Die Blauviolette Fächerblume (*Scaevola aemula*) ist eine pflegeleichte Balkonpflanze, die von Mai bis in den Oktober hinein zahlreiche Blüten bildet. Sie wächst kriechend bis hängend und eignet sich daher auch gut für Hängekörbe und Ampeln. Sie benötigt einen sonnigen bis halbschattigen Standort und toleriert auch Hitze und kurze Trockenperioden.

Gemüsegarten

» Frühkartoffeln kann man zwischen April und Anfang Mai in die Erde bringen. Einige Sorten lassen sich sogar noch eher setzen. Der junge Austrieb ist jedoch ziemlich empfindlich und muss daher bei einer frühen Pflanzung öfter abgedeckt werden. In rauen Lagen sollte man daher auch eher den spätmöglichsten Termin wählen oder spätere Sorten verwenden.

» Die Samen der Stangenbohnen sollte man vor der Aussaat am besten vorquellen lassen, da sie hartschalig sind und daher schlecht bzw. langsam keimen.

» Haben Sie schon Gemüse direkt im Freiland in Reihen ausgesät, dann sollten Sie einmal kontrollieren, ob Sie die Pflanzen jetzt ausdünnen müssen. Gerade Möhren, Radieschen oder Pastinaken sollten vereinzelt werden, damit die Pflanzen genügend Platz für eine gute Entwicklung haben.

» Etwa ab Monatsmitte können die Jungpflanzen der wärmeliebenden Kulturen ins Freiland gesetzt werden.

» Wer jetzt Zeit dafür findet, der kann seinen Komposthaufen umsetzen und den reifen Kompost gleich für die Düngung von Arten mit hohem Nährstoffbedarf verwenden.

» Wer in einer milden Gegend wohnt, der kann ab Anfang des Monats Zuckermais aussäen. Ansonsten bleibt aber auch noch Zeit bis Ende Juni.

Bio-Zitronentomate

'Citrina' ist eine samenfeste gelbe Cocktailtomate mit süß-fruchtigem Geschmack, die sowohl als Snack oder im Salat als auch gebraten gut schmeckt. Sie wird etwa 150 cm hoch und kann sowohl im Freiland als auch auf dem Balkon kultiviert werden. Nach einer Vorkultur ab März/April können die Jungpflanzen etwa sechs Wochen später mit einem Abstand von 70 × 70 cm ausgepflanzt werden und sollten möglichst eine Stütze erhalten. Die mittelgroßen, etwa 80 g schweren Tomaten können nach rund 70 Tagen geerntet werden. (red)

Obstgarten

Rotfrüchtige Apfelbeere

Apfelbeeren bilden normalerweise schwarze Beeren, nicht so aber die Sorte 'Brilliant'. Diese schmückt sich mit leuchtend roten Früchten und weiß darüber hinaus mit einem kupferbraunen Austrieb, weißen bis hellrosa Blüten im Mai und orangeroter Herbstfärbung zu begeistern. Die Beeren können Ende September bis Oktober geerntet werden und schmecken intensiv herb-säuerlich. Sie weisen jedoch auch viel Zucker und Säuren auf und eignen sich nach einem vorherigen Einfrieren gut für die Herstellung von Marmeladen, Gelees oder Saft. Durch das Einfrieren wird der herbe Geschmack deutlich gemildert, sodass das eigentlich fruchtige Aroma besser zur Geltung kommt. Roh sollten die Früchte nicht verzehrt werden. (red)

>> Um eine Flaschenbirne zu bekommen, sollten Sie Ende/Mitte Mai eine gesunde Birne auswählen und alle Blätter um diese herum entfernen. Stülpen Sie dann eine durchsichtige, bauchige Flasche mit möglichst kurzem Hals vorsichtig um die Birne und hängen die Flasche kopfüber an einem Draht auf. Etwa vier Monate später müsste die Flaschenbirne erntereif sein. Nach der Ernte sollte die Flasche kurz mit warmem Wasser ausgespült und dann mit einem Birnenobstbrand Ihrer Wahl aufgefüllt werden – fertig ist ein attraktives Geschenk aus Ihrem eigenen Garten.

>> Wenn Sie jetzt schon wissen, wo Sie im Herbst einen neuen Obstbaum pflanzen wollen, dann können Sie dort jetzt zur Bodenverbesserung eine Gründüngung aussäen. Bewährt haben sich dabei beispielsweise Klee oder Lupinen.

>> Himbeerkäfer, die leider nicht nur Himbeeren, sondern auch Brombeeren, Pflaumen, Äpfel, Birnen und Weißdorn befallen, sollte man am besten früh morgens oder abends absammeln. Denn dann ist es kühler als untertags, weshalb die Käfer recht starr und unbeweglich sind und sich so einfach auf ausgelegte Decken abschütteln lassen.

Blitzschnelles Erdbeereis

Zutaten für 2 Personen:
300 g gefrorene Erdbeeren, 80 g Puderzucker, 2 EL Vanillezucker oder das ausgekratzte Mark eines kleinen Stücks Vanillestange, 100 g Joghurt, 100 g Sahne

Dieses Rezept wurde entnommen aus „Heilkraft von Obst und Gemüse" von Ursel Bühring und Bernadette Bächle-Helde, erschienen im Verlag Eugen Ulmer, ISBN 978-3-8186-1371-6.

Erdbeeren, Puderzucker, Vanillezucker, Joghurt und Sahne in eine hohe Rührschüssel mit speziellem Rührdeckel geben (damit es nicht spritzt oder die Erdbeeren herauskatapultiert werden) und mit dem Stabmixer mixen, bis alle Zutaten feincremig verbunden sind. Das Eis sofort servieren.
Wenn Sie Erdbeeren auf Vorrat einfrieren, können Sie die süße Verlockung für den ganzen Sommer konservieren.

Vielseitige Glockenblumen

Glockenblumen gibt es in allen Größen, vielen Farben und beinahe für jeden Standort. Sie sind sehr pflegeleicht, vermehren sich meist von allein, und mit der richtigen Auswahl blühen die Glöckchen vom Frühling bis in den Herbst.

Glockenblumen sind eine altbekannte Allerweltsart. Kinder malen sie als typische Blumenform, und in vielen Geschichten tragen Elfen und Feen eine Blümchenglocke als Hut. Wild kommen sie bei uns fast überall vor, auf Wiesen, in Wäldern, an Wegen, sogar auf Felsen und im Hochgebirge, mehrere 100 Arten gibt es. Und weil sie so vielseitig sind, passen Glockenblumen wunderbar in jeden Garten. Die typische, namensgebende Blütenform haben alle, aber jede Art sieht doch ganz anders aus.

Zarte Glöckchen, dichte Knäuel

Da gibt es z. B. die zarte Wiesen-Glockenblume (*Campanula patula*), die auf einem dünnen Stängel einige wenige Blüten bildet. Andere Arten wie die Knäuel-Glockenblume (*C. glomerata*) tragen die Glocken in dichten Büscheln. Glockenblumen finden sich in allen Größen, von der 5 cm hohen Zwerg-Glockenblume (*C. cochleariifolia*) bis zur an die 1,50 m hohen Riesen-Dolden-Glockenblume (*C. lactiflora*). Es gibt auch niedrig bleibende Polsterglockenblumen, die gut für Steingärten passen und mit langen Trieben Mauern und Treppen überwuchern; manche eignen sich auch als Bodendecker.

Rosenbegleitung und Schnittblume

Weiße Glockenblumen haben ihren ganz eigenen Charme.

Fürs Rosenbeet ideal ist die Pfirsichblättrige Glockenblume (*C. persicifolia*). Sie wird gut 0,5 m hoch und bildet Ausläufer; dort, wo ein Plätzchen zwischen den Rosen frei ist, fädelt sie sich ein und kommt Jahr für Jahr wieder. Auch in der Vase passen Glockenblumen und Rosen zusammen, viele *Campanula*-Arten eignen sich darüber hinaus gut als Schnittblume.

Farblich reicht das Spektrum vom glockenblumentypischen Lila bis fast ins Dunkelviolette; es gibt rosafarbene Glockenblumen und viele Sorten auch in Weiß. Manche Arten mögen es feucht, manche eher trocken. Für jeden Standort findet sich eine Art, selbst im Schatten wachsen Glockenblumen. Die Wald-Glockenblume (*C. latifolia*) z. B. wird etwa 1 m hoch und fühlt sich in eher schattigen Rabatten wohl.

Glöckchen für Insekten

Mit einer guten Auswahl finden sich monatelang blühende Glockenblumen in Ihrem Garten: So startet die Rundblättrige Glockenblume (*C. rotundifolia*) in warmen Jahren schon im April, während die Dalmatiner Glockenblume (*C. portenschlagiana*) bis in den Oktober durchhält. Das freut auch viele Tiere, vor allem Insekten. Denn Käfer und Wildbienen schlafen gerne in den Glöckchen, in denen es auch reichlich Nektar und Pollen gibt, an den die Tiere in den großen Blüten leicht drankommen. Auf den Blüten sitzen manchmal Spinnen, um ihren Teil der Insekten zu ernten. So sind Glockenblumen ein schöner und wichtiger Teil des großen Nahrungsnetzes der Natur. (tin)

Nach der Blüte

Glockenblumen sehen sogar noch verblüht schön aus. So fällt es leicht, sie stehen zu lassen, damit in den hohlen Stängeln Insekten überwintern können. Die Samen ernähren noch lange Zeit nach und nach Vögel, Mäuschen und andere Tiere. Ein Teil fällt zu Boden und wird im nächsten Jahr zu neuen schönen Glockenblumen werden.

Juni

Der Mond wirkt als kosmischer Spiegel für Tierkreiskräfte bei seiner Wanderung durch die Tierkreiszeichen:

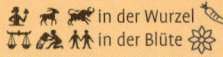 in der Wurzel 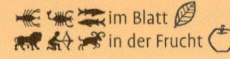 im Blatt
in der Blüte ❄ in der Frucht 🍎

27 Montag

°C

28 Dienstag

°C

29 Mittwoch

°C

30 Donnerstag

°C

31 Freitag

°C

1 Samstag

S: 05:11 – 21:29
M: 02:49 – 15:09

■ St. Fortunat

°C

2 Sonntag

■ Mond in Erdnähe und am Knoten ist ungünstig für Saat und Pflanzung.

S: 05:10 – 21:30
M: 03:01 – 16:35

°C

3 Montag

S: 05:10 – 21:31
M: 03:15 – 18:03

°C

4 Dienstag

■ Kurz vor Neumond besser nicht säen oder pflanzen.

S: 05:09 – 21:32
M: 03:32 – 19:32

°C

5 Mittwoch

■ Rote Bete aussäen.

S: 05:08 – 21:33
M: 03:54 – 21:00

°C

6 Donnerstag

■ Zu Neumond gejätetes Unkraut wächst nicht so schnell nach.

● 14:38

S: 05:08 – 21:34
M: 04:24 – 22:20

°C

7 Freitag

■ Kräuter wie Thymian, Majoran, Oregano, Zitronen-Melisse und Minze vor der Blüte ernten.

S: 05:07 – 21:35
M: 05:07 – 23:25

°C

8 Samstag

Pflanzzeit

■ Salate pflanzen.

S: 05:07 – 21:36
M: 06:06 – 24:00

■ St. Medardus

°C

9 Sonntag

S: 05:07 – 21:37
M: 07:17 – 00:12

°C

79

Der Mond wirkt als kosmischer Spiegel für Tierkreiskräfte bei seiner Wanderung durch die Tierkreiszeichen:

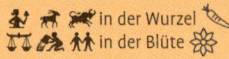 in der Wurzel 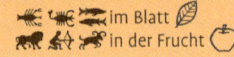 im Blatt
in der Blüte in der Frucht

10 Montag

S: 05:06 – 21:37
M: 08:34 – 00:45

11 Dienstag

■ Fruchtgemüse kann noch nachgepflanzt werden.

S: 05:06 – 21:38
M: 09:51 – 01:07

■ St. Barnabas

12 Mittwoch

■ Ausläufer der Erdbeerpflanzen direkt im Beet in kleinen Töpfchen mit Erde fixieren.

S: 05:06 – 21:39
M: 11:05 – 01:24

13 Donnerstag

■ Harlow Carr Flower Show • Harrogate, England 13.–16.6. • Infos siehe Seite 195

S: 05:05 – 21:39
M: 12:17 – 01:36

14 Freitag

● 07:18

■ Mond in Erdferne ist ungünstig für Saat und Pflanzung.

S: 05:05 – 21:40
M: 13:26 – 01:47

15 Samstag

■ Mond am Knoten ist ungünstig für Saat und Pflanzung.
■ Rosen- und Gartenmesse • Königsberg 15.–16.6. • Infos siehe Seite 195

S: 05:05 – 21:40
M: 14:36 – 01:57

16 Sonntag

S: 05:05 – 21:41
M: 15:46 – 02:06

°C

Pflanzzeit

17 Montag

♎
❄
S: 05:05 – 21:41
M: 16:59 – 02:17

■ Verwelkte Blüten regelmäßig entfernen, dies fördert die neue Blütenbildung.

18 Dienstag

♏
🍂
S: 05:05 – 21:41
M: 18:15 – 02:30

19 Mittwoch

♏
🍂
S: 05:05 – 21:42
M: 19:34 – 02:47

■ Mittels oberflächlichem Hacken für eine gute Bodenatmung sorgen.

20 Donnerstag

♐
🍎
S: 05:05 – 21:42
M: 20:52 – 03:11

■ Bei den Tomaten regelmäßig die Seitentriebe entfernen.

■ Sommeranfang

21 Freitag

♐
🍎
S: 05:06 – 21:42
M: 22:02 – 03:46

22 Samstag

○ 03:08
♐
🍎
S: 05:06 – 21:42
M: 22:59 – 04:37

■ Für den Junischnitt bei Weinreben den abnehmenden Mond nutzen.
■ Wurzelgemüse gleichmäßig feucht halten.

23 Sonntag

♑
🥕
S: 05:06 – 21:42
M: 23:39 – 05:46

Der Mond wirkt als kosmischer Spiegel für Tierkreiskräfte bei seiner Wanderung durch die Tierkreiszeichen:

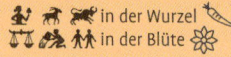 in der Wurzel 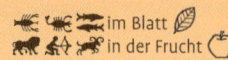 im Blatt
in der Blüte   in der Frucht

26. Woche

24 Montag

S: 05:07 – 21:42
M: 00:00 – 07:08

■ Mulchen Sie die Gemüsebeete, um eine gute Bodengare aufrechtzuerhalten.

■ St. Johannes

25 Dienstag

S: 05:07 – 21:42
M: 00:07 – 08:37

26 Mittwoch

S: 05:07 – 21:42
M: 00:27 – 10:06

■ Öga • Koppingen, Schweiz 26.–28.6. • Infos siehe Seite 195

27 Donnerstag

S: 05:08 – 21:42
M: 00:43 – 11:32

■ Mond in Erdnähe ist ungünstig für Saat und Pflanzung.

■ Siebenschläfer

28 Freitag

◑ 23:35

S: 05:08 – 21:42
M: 00:56 – 12:57

■ Salate pflanzen.

■ St. Peter & St. Paul

29 Samstag

S: 05:09 – 21:42
M: 01:09 – 14:22

■ Mond am Knoten ist ungünstig für Saat und Pflanzung.

30 Sonntag

S: 05:10 – 21:42
M: 01:22 – 15:47

robuste Augenweide

Schmal-blättrige Ölweide

Die Ölweide kommt in Zeiten zunehmender Klimaextreme wie gerufen: Einmal gut eingewachsen, können ihr Dürre und pralle Hitze ebenso wenig anhaben wie kräftige Winde und Fröste. Sie verträgt allerdings keine Staunässe, und der Boden sollte nicht allzu nährstoffreich sein. Doch ansonsten ist dieser Großstrauch ausgesprochen robust – und zudem sehr ansehnlich.

Macht eine gute Figur

Mit ihrem unregelmäßigen Astgerüst und silbergrauen, später rotbraunen Zweigen bietet diese Ölweide schon unbeblättert einen interessanten Anblick. Mit den im Austrieb weißen, dann silbrig schimmernden Blättern wird sie zum wahren Hingucker. Im Frühsommer erscheinen die hübschen gelben Blüten, die sich als Bienenmagneten erweisen. Ihnen folgen ab August gelb reifende Früchte: Sie bieten mit ihrem mehlig süßen Geschmack auch etwas für den Gaumen.

Macht kaum Arbeit

Lockert man recht dichte Böden vor dem Pflanzen gründlich und mit reichlich Sand und Kies auf, verhilft man der Ölweide zu einem guten Start. Ölweidengewächse können sich mithilfe von Knöllchenbakterien an ihren Wurzeln selbst mit Stickstoff aus der Luft versorgen. Auch sonst sind kaum Pflegemaßnahmen erforderlich. Ein Schnitt wird nur nötig, wenn man die Sträucher baumartig erziehen will oder einzelne Äste übermäßig stark in die Breite wachsen. (may)

Kurzporträt

Botanischer Name: *Elaeagnus angustifolia*
Wuchs: Großstrauch oder kleiner Baum mit breit ausladenden Ästen und bedornten Zweigen, 4–8 m hoch, 2–6 m breit
Blüte: glöckchenförmig, innen gelb, außen silbrig weiß, duftend
Blütezeit: Mai bis Juni
Blatt: schmal lanzettlich, oberseits mattgrün, unterseits silbrig weiß
Ansprüche: sonnig; geringe Bodenansprüche, verträgt Trockenheit, Hitze und Stadtklima; windfest und streusalztolerant
Verwendung: in Einzelstellung, in Windschutzhecken; auch in großen Kübeln
Besonderheiten: ab August olivenähnliche, essbare Früchte

Ziergarten

Mädesüß - nicht nur bei Bienen beliebt

Mit seinen üppigen, cremeweißen Blütenrispen ist das bis zu 1,5 m hoch wachsende Rosengewächs auf den Wiesen schon von Weitem unter all den anderen Gräsern und Kräutern zu erkennen. In Gräben, an Bachläufen und auf Nasswiesen fühlt sich das bei Bienen sehr beliebte Mädesüß am wohlsten.

Bereits die Kelten schätzten die Pflanze aufgrund ihres an Mandeln, Honig und Vanille erinnernden Dufts, kannten aber auch schon ihre heilende Wirkung. Mädesüß enthält nämlich im gesamten Kraut Salicyl-säure-Verbindungen, die dem Wirk-stoff des bekannten Aspirins ähneln. Es kann somit z. B. in Tees entzündungshemmend bei Erkältungen eingesetzt werden. Mit den Blüten aromatisiert man auch gerne Süß-speisen und Getränke. (kie)

>> Wenn jetzt der Steppen-Salbei blüht, dann sollten Sie diesen bei anhaltender Trockenheit gießen. Nach der Blüte empfiehlt sich ein kräftiger Rückschnitt sowie eine Düngergabe. So versorgt erfreuen einen die Pflanzen nach rund sechs Wochen mit einer kräftigen Nachblüte.

>> Ist der Juni anhaltend trocken, dann dankt Ihnen auch der Rasen für eine ausreichende Wasserversorgung.

>> Entdecken Sie an Rosen oder Fuchsien rostige Blätter, dann sollten Sie diese umgehend entfernen und über den Hausmüll entsorgen. Sie gehören keinesfalls auf den Komposthaufen.

>> Wenn Sie Rittersporn nach der Blüte bis auf etwa 10 cm über dem Boden zurückschneiden und düngen, dann sollten die Pflanzen eine schöne Nachblüte bilden.

>> Denken Sie daran, Stauden und Sommerblumen, die recht hoch werden und zum Auseinanderfallen neigen, rechtzeitig mit einer Stütze zu versehen. Sie können sie auch locker zusammenbinden.

>> Wer Lupinen liebt, der sollte die Blütenstände kurz nach dem Verblühen oberhalb des letzten Blatts abschneiden. Dann werden sich in den Blattachseln neue Blütenstände bilden, die zwar kleiner sein werden, aber dennoch hübsch anzusehen sind.

Gemüsegarten

>> Bei Blumenkohlsorten, die keine gute Selbstbedeckung aufweisen, sollte man etwas nachhelfen und die äußeren Blätter zur Mitte hin umknicken. So kann man dafür sorgen, dass die Blume schön weiß und geschützt bleibt.

>> Erbsen schmecken am besten, wenn die Körner noch ganz zart sind. Daher sollte man Mark- und Zuckererbsen unbedingt mehrfach durchpflücken und nicht alle Hülsen gleichzeitig ernten. Palerbsen kann man hingegen entweder jung oder ausgereift ernten.

>> Von Essigpräparaten für die Unkrautbekämpfung sollte man besser die Finger lassen, da sie im Endeffekt eher kontraproduktiv wirken und darüber hinaus bei starker bzw. wiederholter Nutzung auch den Boden versauern können. Auch können aus Versehen miterfasste Pflanzen ungewollt geschädigt werden. Daher ist es besser, beim einfachen Jäten zu bleiben.

>> Wer Gurkensorten kultiviert, die nicht mehltauresistent sind, der sollte unbedingt auf die ersten Anzeichen eines Befalls achten und die befallenen Blätter umgehend entfernen.

>> Brechen Sie bei Paprikapflanzen den ersten Fruchtansatz aus, damit sich dann als Reaktion darauf zahlreiche neue Blüten bilden und die Ernte so höher wird.

Bunter Schnittlauch

Ornamental One ist eine Schnittlauchserie, von der mit 'Mixed One' mittlerweile auch eine dekorative Mischung mit weißen, rosa und purpurvioletten Blüten angeboten wird. Die Pflanzen blühen mit zeitlichem Abstand und bilden alle ein einheitliches, mittelröhriges Laub. Wenn Sie das Saatgut schon zeitig ausbringen, dann blüht dieser Schnittlauch bereits im ersten Jahr im Mai bis August. Er wird rund 30 cm hoch, ist hitze- und trockenheitsresistent und absolut winterhart. Damit ist er nicht nur ein gutes Küchenkraut, sondern begeistert beispielsweise auch in Rabatten mit seinen schönen, großen Blüten und zieht darüber hinaus zahlreiche Insekten an.

Ihr Name ist Programm

'Zuckersüss' ist eine Sorte der Weißen Maulbeere, die etwa 3-4 m hoch wird, durch einen Schnitt aber auf 2-3 m begrenzt werden kann. Sie benötigt einen vollsonnigen Standort mit humosem, gut durchlässigem Boden und ist bis -20 °C winterhart. 'Zuckersüss' ist selbstfruchtbar, wobei die weiß bis gelbbeigen Früchte zumeist ohne Befruchtung angesetzt werden. Diese weisen zur Fruchtreife rosa Einsprengsel auf, bleiben sehr fest und knackig und schmecken zuckersüß mit Anklängen von Himbeeren und Honig. (red)

Obstgarten

>> Ab Mitte Juni bis Anfang August können Sie – abhängig von der Sorte – die Früchte der Saskatoon-Felsenbirne ernten. Da die Beeren auch bei Vögeln sehr beliebt sind, sollten Sie diese rechtzeitig mit einem Schutznetz abdecken.

>> Jostabeeren tendieren zum Wuchern. Daher sollte man bei älteren Büschen einzelne Triebe, die nur wenige Blüten aufweisen, herausschneiden. Auf diese Weise wird die Fruchtbildung insgesamt gefördert.

>> Ende des Monats dürfte die zweite Generation der Pflaumenwickler unterwegs sein, die Sie rechtzeitig bekämpfen sollten.

>> Tragen Ihre Apfelbäume Ende Juni nach dem Junifall immer noch zu viele Früchte, dann sollten Sie diese ausdünnen, und zwar so, dass zum Schluss nur noch zwei bis drei kleine Früchte am Fruchtholz stehen bleiben.

>> Möchten Sie Ihre Kirschernte mittels Netzen vor Vogelfraß schützen, dann sollten Sie diese spätestens dann einsetzen, wenn sich die Kirschen rot verfärben. Bringen Sie die Netze so aus, dass Vögel keine Chance haben, ins Kroneninnere zu gelangen, und kontrollieren Sie die Netze anschließend regelmäßig, damit Sie Vögel, die sich eventuell verfangen haben, schnell befreien können.

Dieses Rezept wurde entnommen aus „Heilkraft von Obst und Gemüse" von Ursel Bühring und Bernadette Bächle-Helde, erschienen im Verlag Eugen Ulmer, ISBN 978-3-8186-1371-6.

Himbeeren mit dem Essig aufkochen, durch ein Tuch (oder ein ganz feinmaschiges Sieb) streichen und fest auspressen. Den aufgefangenen Saft danach 1:1 mit Zucker mischen, nochmal kurz aufkochen und in saubere kleine Flaschen abfüllen.

Dieser Himbeeressig ist ein altes Hausmittel aus dem Bündner Land, bewährt als Durstlöscher bei fiebernden Patienten. Auch ein Schuss davon in einem Lindenblüten-Erkältungstee tut gut. In gesunden Zeiten ist er einfach nur Genuss. Dazu z. B. einen Schluck Himbeeraceto in ein Glas geben und mit (Mineral-)Wasser auffüllen. Oder besonders edel: ein kleiner Schuss Aceto in Prosecco oder Weißwein. Genauso erhält ein frischer Blattsalat eine verführerische Note mit dem aparten Geschmack und der roten Farbe des Himbeeraceto.

Zutaten für etwa 200 ml:
250 g Himbeeren, 250 ml Rotwein- oder Apfelessig, Zucker je nach aufgefangener Flüssigkeit

Himbeeraceto

Pflanzen mit mehrwert

Sommergrüne Gehölze mit Mehrwert

Auch Beerensträucher wie Johannis- und Stachelbeere sind mehr als nur lecker: Sie locken die Fuchsrote Sandbiene in den Garten und ernähren Schmetterlingsraupen. Darüber hinaus sind sie robust und einfach in der Pflege und lassen sich leicht aus Stecklingen vermehren. Holunder und Vogelbeere wiederum locken mit ihren Früchten Singvögel in den Garten – falls wir nicht alles selbst ernten.

Superpflanzen

In diesem Buch werden 84 „Superpflanzen" vorgestellt, mit denen Sie schwierige Standorte begrünen, klimafit und selbstbewusst Widrigkeiten entgegentreten, Bienen & Co. ernähren oder für ein angenehmes Klima im Garten sorgen können.

„Superpflanzen: Alleskönner aus dem Garten" von Elke Schwarzer, erschienen im Verlag Eugen Ulmer, ISBN 978-3-8186-1752-3

Gerade in kleinen Gärten dürfen Pflanzen gerne mehr können als nur hübsch auszusehen! Lernen Sie hier so einige ausgesprochene Multitalente kennen, die nicht nur dekorativ sind, sondern auch Tiere anlocken und zusätzlich so manch anderen Nutzen für uns haben.

Eine Staude wie ein Schweizer Taschenmesser: Der Schmalblättiger Doppelsame (*Diplotaxis tenuifolia*) blüht selbst dann noch immer weiter, wenn bei Dürre um ihn herum längst alles braun geworden ist. Sogar auf Sandböden schlägt sich die auch als Wilde Rauke bekannte Pflanze wacker und blüht den ganzen Sommer lang mit gelben Kreuzblüten, dazu wachsen würzige Blätter, die sich im Salat oder auf der Pizza wie Rucola verwenden lassen. Manchmal kommt uns dabei jedoch jemand zuvor, denn Kohlweißlingsraupen lieben die scharfen Blätter ebenfalls. Die Blüten locken eine Vielzahl von Schmetterlingen und Bienen an.

Schmetterlingsmagnet für trockene Plätze

Zur Rauke passt die Rote Spornblume (*Centranthus ruber*) ganz hervorragend: Mit pinkfarbenen oder weißen Blüten eignet sie sich für bunte Sommergärten genauso wie für farblich zurückhaltende Beete. Auch sie blüht monatelang und versorgt Hummeln und Schmetterlinge mit Nektar. Das Taubenschwänzchen interessiert sich nicht nur als Falter für die schmetterlingsgerechten Blüten, manchmal findet man seine Raupen auch an der Staude. Die Spornblume ist mit Baldrian und Feldsalat verwandt, dies macht sich auch kulinarisch bemerkbar, denn die Blätter kann man im Salat nutzen. Die Wurzeln sind gekocht essbar – falls man es übers Herz bringt, diese tolle, dürrefeste Staude herauszureißen.

Brav bodendeckend oder überschäumend

Der Rauling (*Trachystemon orientalis*) ist ein wahres Multitalent: Er gibt den Bodendecker im trockenen Schatten und kann dort erfolgreich den Giersch verdrängen, zusätzlich versorgt er mit seinen blauen Blüten im April Hummelköniginnen und die Frühlings-Pelzbiene. Doch damit noch nicht genug: Seine Blätter und Stängel sind essbar, z. B. klein geschnitten im Omelett.

Das Echte Seifenkraut (*Saponaria officinalis*) ist eher der Saubermann für sonnige Plätze: Reibt man die Wurzeln in Wasser klein, bildet sich eine biologisch abbaubare Seife. Da sich die Staude durch Ausläufer immer breiter macht, gehen die waschaktiven Substanzen so schnell nicht aus, auch nicht an trockenen Standorten. Die rosafarbenen Blüten locken zudem Nachtfalter an, und es gibt darüber hinaus auch eine alte Gartensorte mit gefüllten Blüten.

Blickdicht, würzig und heimisch

Die nötige Würze verleiht dem Garten der Heide-Wacholder (*Juniperus communis*). Das heimische, immergrüne Nadelgewächs ist ein guter Sichtschutz und liebt magere, trockene und vollsonnige Plätze. Im Gegensatz zur ebenfalls heimischen Eibe (*Taxus baccata*) kann er sich aber sogar kulinarisch betätigen: Die blauen Früchte zieren und sind ein begehrtes Gewürz. Lässt man sie hängen, werden sie von Vögeln gefuttert. (sch)

Juli

Der Mond wirkt als kosmischer Spiegel für Tierkreiskräfte bei seiner Wanderung durch die Tierkreiszeichen:

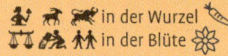 in der Wurzel 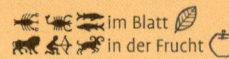 im Blatt
in der Blüte ✿ in der Frucht

1 Montag

S: 05:10 – 21:41
M: 01:37 – 17:14

2 Dienstag

■ Möhren aussäen.

■ Hampton Court Palace Flower Show • East Molesey, England 2.–7.7. • Infos siehe Seite 196

■ Mariä Heimsuchung

S: 05:11 – 21:41
M: 01:56 – 18:41

3 Mittwoch

S: 05:12 – 21:40
M: 02:23 – 20:03

4 Donnerstag

■ Kurz vor Neumond besser nicht säen oder pflanzen.
■ Mit Ende der Vogelschutzzeit können ab jetzt die Hecken geschnitten werden.

■ St. Ulrich

S: 05:13 – 21:40
M: 03:00 – 21:13

5 Freitag

■ Kopfsalate, Endivien, Radicchio und Chinakohl pflanzen.

S: 05:13 – 21:39
M: 03:52 – 22:06

6 Samstag

● 0:57

■ Zu Neumond gejätetes Unkraut wächst nicht so schnell nach.

S: 05:14 – 21:39
M: 04:58 – 22:44

7 Sonntag

S: 05:15 – 21:38
M: 06:14 – 23:10

Pflanzzeit

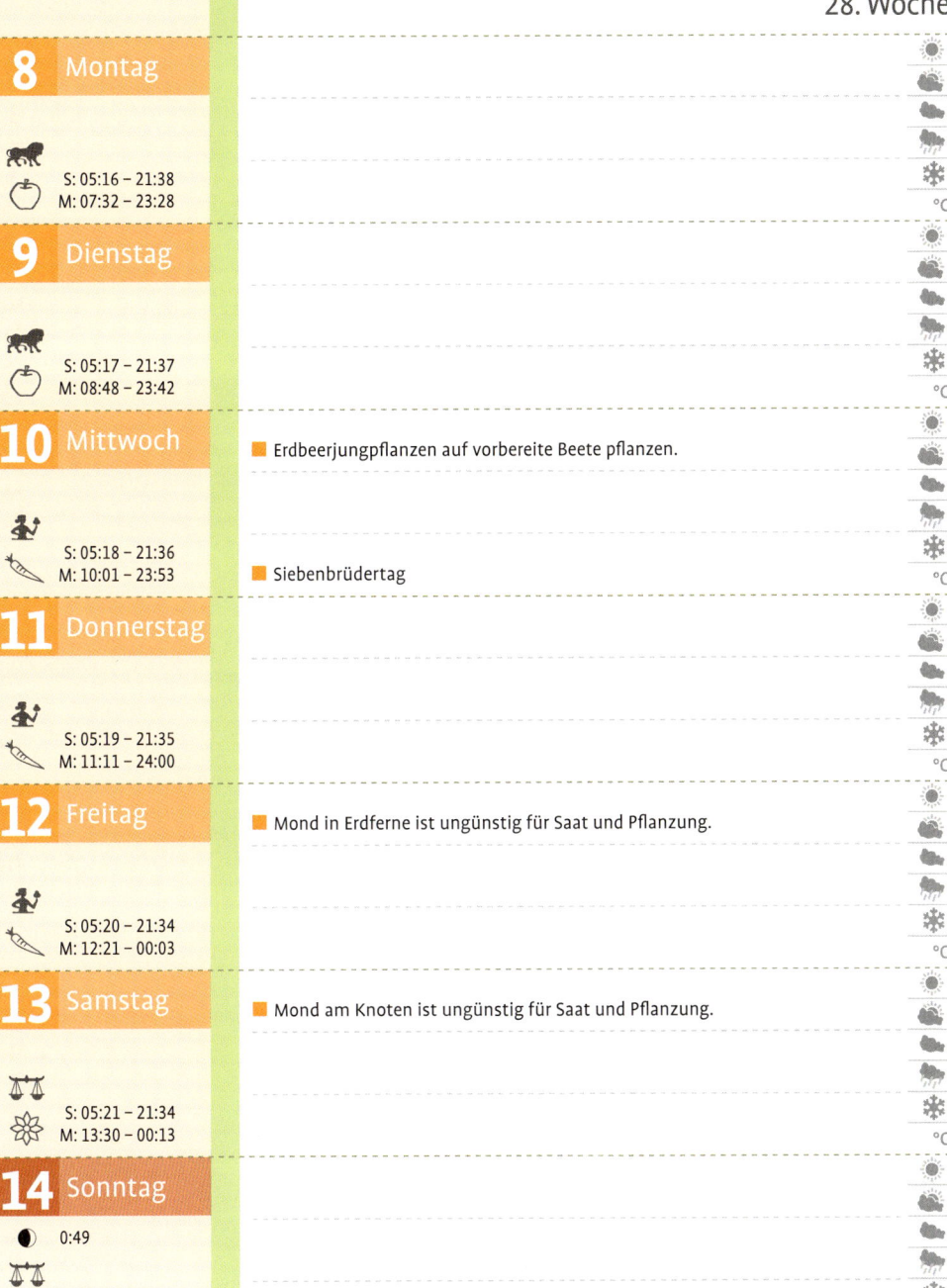

Pflanzzeit

28. Woche

8 Montag

S: 05:16 – 21:38
M: 07:32 – 23:28

9 Dienstag

S: 05:17 – 21:37
M: 08:48 – 23:42

10 Mittwoch

■ Erdbeerjungpflanzen auf vorbereite Beete pflanzen.

S: 05:18 – 21:36
M: 10:01 – 23:53

■ Siebenbrüdertag

11 Donnerstag

S: 05:19 – 21:35
M: 11:11 – 24:00

12 Freitag

■ Mond in Erdferne ist ungünstig für Saat und Pflanzung.

S: 05:20 – 21:34
M: 12:21 – 00:03

13 Samstag

■ Mond am Knoten ist ungünstig für Saat und Pflanzung.

S: 05:21 – 21:34
M: 13:30 – 00:13

14 Sonntag

● 0:49

S: 05:23 – 21:33
M: 14:41 – 00:23

Der Mond wirkt als kosmischer Spiegel für Tierkreiskräfte bei seiner Wanderung durch die Tierkreiszeichen:

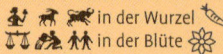 in der Wurzel 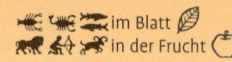 im Blatt
in der Blüte in der Frucht

15 Montag

Pflanzzeit

S: 05:24 – 21:32
M: 15:55 – 00:35

16 Dienstag

■ Lauch anhäufeln, damit sich ein langer weißer Schaft entwickelt.

S: 05:25 – 21:31
M: 17:12 – 00:50

17 Mittwoch

■ Flower Show Tatton Park • Knutsford, England 17.–21.7. • Infos siehe Seite 196

S: 05:26 – 21:29
M: 18:30 – 01:10

18 Donnerstag

S: 05:27 – 21:28
M: 19:45 – 01:40

19 Freitag

■ Tomaten mit dem eigenen Laub mulchen.
■ 21. DIGA Gartenmesse • Schloss Beuggen 19.–21.7. • Infos siehe Seite 196

S: 05:29 – 21:27
M: 20:48 – 02:23

20 Samstag

■ Radieschen als Zwischenfrucht aussäen.

S: 05:30 – 21:26
M: 21:35 – 03:25

■ Hl. Margaretha

21 Sonntag

○ 12:17

S: 05:31 – 21:25
M: 22:08 – 04:43

22 Montag

S: 05:33 – 21:23
M: 22:32 – 06:13

■ Hl. Magdalena

23 Dienstag

S: 05:34 – 21:22
M: 22:49 – 07:44

■ Beginn der Hundstage

24 Mittwoch

■ Mond in Erdnähe ist ungünstig für Saat und Pflanzung.

S: 05:35 – 21:21
M: 23:03 – 09:15

25 Donnerstag

S: 05:37 – 21:19
M: 23:16 – 10:42

■ St. Jakob

26 Freitag

■ Mond am Knoten ist ungünstig für Saat und Pflanzung.

S: 05:38 – 21:18
M: 23:29 – 12:09

■ Hl. Anna

27 Samstag

S: 05:40 – 21:16
M: 23:43 – 13:35

28 Sonntag

● 04:52

S: 05:41 – 21:15
M: 00:00 – 15:02

Der Mond wirkt als kosmischer Spiegel für Tierkreiskräfte bei seiner Wanderung durch die Tierkreiszeichen:

in der Wurzel
in der Blüte
im Blatt
in der Frucht

29 Montag

■ Rettich aussäen.

S: 05:43 – 21:13
M: 00:01 – 16:28

■ St. Petrus

30 Dienstag

S: 05:44 – 21:12
M: 00:24 – 17:51

31 Mittwoch

■ Hyde Hall Flower Show • Rettendon, England 31.7.–4.8. • Infos siehe Seite 196

S: 05:46 – 21:10
M: 00:57 – 19:05

1 Donnerstag

2 Freitag

3 Samstag

4 Sonntag

majestätische Blütenkerzen

Viel-blättrige Lupine

Die Vielblättrige oder Staudenlupine gehört zu den schönsten klassischen Prachtstauden. Seit Langem haben sich die Russell-Hybriden mit ihren farbkräftigen Blüten bewährt, so etwa 'Kastellan' (blau mit Weiß) und 'Kronleuchter' (gelb). In neuerer Zeit sind die Westcountry-Lupinen hinzugekommen, mit besonders dicht besetzten Blütenkerzen und guter Standfestigkeit, beispielsweise die purpurviolette 'Masterpiece'.

Große Ausbreitungsfreude

Die Vielblättrige Lupine stammt aus Nordamerika und wurde im 19. Jahrhundert als Zierstaude nach Europa eingeführt. Bald schätzte man sie auch als Pionierpflanze, weil sie mithilfe von Knöllchenbakterien Stickstoff aus der Luft binden kann und mit ihren Pfahlwurzeln den Boden lockert. Ihre überreiche Samenbildung hat allerdings dazu geführt, dass die Lupine vielerorts verwilderte und heute in der freien Natur als invasive Art gilt.

Gefräßige Frühjahrsgäste

Bei den Gartenlupinen kann man dem Versamen leicht vorbeugen, indem man verblühte Kerzen gleich herausschneidet. So folgt manchmal auch noch eine Nachblüte. Im Herbst schneidet man dann die Triebe bis knapp über dem Boden zurück. Der Frühjahrsaustrieb gehört leider zu den Lieblingsspeisen von Schnecken. Schneckenzäune und -ringe können helfen, aber oft kommt man um regelmäßiges Ablesen der Viecher nicht herum. (may)

Kurzporträt

Botanischer Name: *Lupinus polyphyllus*
Wuchs: Staude mit aufrechten, breiten Horsten, 50–120 cm hoch
Blüte: Schmetterlingsblüten in kerzenartigen Trauben, in allen Regenbogenfarben
Blütezeit: Juni bis August
Blatt: gefingert, mit neun bis 17 Teilblättchen, sattgrün bis bläulich grün
Ansprüche: sonnig; durchlässiger, mäßig trockener bis frischer, kalkarmer Boden
Verwendung: einzeln oder in kleinen Gruppen in Beeten und Rabatten, im Bauerngarten; haltbare Schnittstaude
Besonderheiten: Enthält giftige Alkaloide, besonders konzentriert in den Samen!

Warum das Meer salzig schmeckt

Ob im Meer, in Seen oder Flüssen – Wasser enthält stets Salze. Allerdings in unterschiedlich hoher Konzentration. In Flüssen und Seen ist diese im Vergleich zum Meer meist so niedrig, dass wir das Salz gar nicht schmecken. Woran liegt das?

Die Meere sind bereits selbst salzhaltig, da ihr Wasser stetig Salze aus den Gesteinen des Meeresbodens löst. Zusätzlich tragen Flüsse noch weitere durch Regen- und Schmelzwasser aus den Böden gelöste Salze und Mineralien ins Meer. Die Sonne lässt nun Meerwasser verdunsten, die vorher gelösten Salze bleiben zurück und der Salzgehalt des übrigen Meerwassers nimmt folglich zu. Im Schnitt beträgt der Salzgehalt 34,7 g/1 Meerwasser – das sind etwa drei Esslöffel Salz je Liter. (kie)

Ziergarten

>> Strohblumen, von denen Sie Blüten zum Trocknen verwenden möchten, sollten Sie ab Blühbeginn trockener halten und nicht düngen. Schneiden Sie die Stiele dann, wenn sich die Blüten gerade einmal halb geöffnet haben. Danach werden diese am besten kopfüber an einem luftigen, kühlen, schattigen Ort zum Trocknen aufgehängt.

>> Entdecken Sie bei dem Gang durch Ihren Ziergarten Raupen oder Schnecken, dann sollten Sie diese direkt absammeln.

>> In diesem Monat können Sie Frühsommerblüher wie Kaiserkronen und Pfingstrosen pflanzen.

>> Ältere rhizombildende Iris, die innen verkahlen, können in diesem Monat geteilt werden. Neben Sie die Pflanzen dafür auf, schneiden die Blätter zurück und pflanzen dann die nach außen wachsenden Rhizome mit den frischen Blättern in Gruppen wieder ein.

>> Zweijährige Sommerblumen wie Stockrosen, Goldlack, Vergissmeinnicht, Stiefmütterchen, Fingerhut und Königskerzen lassen sich jetzt gut aussäen.

>> Bei Stauden wie Glockenblumen oder Lungenkraut, die sich selber ausgesät haben, können Sie jetzt die schönsten Pflanzen pikieren und dorthin setzen, wo Sie Platz dafür haben.

Gemüsegarten

» Fallen Ihnen an Ihren Tomaten helle Flecken mit einem besonders hellen Rand und zumeist einem kleinen Punkt in der Mitte auf, so ist dies kein Grund zur Sorge. Denn obwohl die Flecken von Grauschimmel verursacht werden, faulen die Früchte nicht, sondern können weiterhin verzehrt werden. Dies liegt daran, dass zwar eine Infektion stattgefunden hat, der Pilz das Gewebe aber nicht abtöten konnte, sondern selber abgestorben ist. Daher bleibt die Tomate gesund und sowohl Geschmack als auch Lagerfähigkeit leiden nicht.

» Möchten Sie bei Starkzehrern die Frucht- bzw. Blattbildung fördern, dann können Sie bei diesen jetzt eine Kopfdüngung mit Brennnesseljauche ausbringen.

» Für eine gute Melonenernte sollten Sie die Blüten mithilfe eines Pinsels bestäuben.

» Ist der Sommer recht warm, dann kann es passieren, dass sich beim Brokkoli die Knospen öffnen und aufblühen. Daher sollte man bei solchen Bedingungen die Köpfe besser etwas früher als gewöhnlich ernten.

» Knoblauch kann geerntet werden, sobald die Blätter braun werden und umkippen. Anschließend sollte er kühl, schattig und luftig gelagert werden.

Ertragreiche Gurke

Die widerstandsfähige, gesunde Salatgurke 'Salome' ist auch als Sikkimgurke aus Siebenbürgen bekannt, wird etwa 40 cm hoch und bildet bodendeckende Ranken. Sie kann im Gewächshaus oder Freiland kultiviert werden, wo sie einen sonnigen, windgeschützten Standort mit lockerem, durchlässigem Boden benötigt. Ihre festfleischigen Früchte können von Juni bis September geerntet werden. Junge Exemplare haben eine grüne, glatte Schale, die später jedoch gelb bis braun mit einer Netzstruktur wird. 'Salome' weist einen intensiven, süßlichen Gurkengeschmack ohne Bitterstoffe auf und kann im ausgereiften, braunschaligen Zustand über mehrere Wochen gelagert werden, ohne dabei fad und trocken zu werden. (red)

Obstgarten

Beinahe dornenlos

Mit 'Ukraine Freedom' gibt es mittlerweile eine Sanddornsorte, deren unverzweigten, aufrechten Triebe beinahe vollständig dornenlos sind. Sie wächst aufrecht kompakt und wird etwa 2-3 m hoch. Damit sie Früchte entwickelt, benötigt sie eine Befruchtersorte wie 'Pollmix'. Die leuchtend orangen, oval länglichen Früchte können schon Ende Juli geerntet werden und weisen ein gutes, tatsächlich süßes Sanddornaroma auf, bei dem die Säure allerdings im Hintergrund spürbar ist. Der Ertrag setzt normalerweise im zweiten Jahr nach der Pflanzung ein und ist hoch bis sehr hoch. (red)

>> Wenn Sie jetzt Zeit haben, dann können Sie zur Schere greifen und den Sommerschnitt durchführen – auch beim Kernobst. Dieser hat den Vorteil, dass die Wunden besser verheilen als bei einem Schnitt im Winter.

>> Johannisbeeren, Stachelbeeren und Himbeeren sollten direkt nach der Ernte geschnitten werden. Gleiches gilt für das Steinobst.

>> Ist der Sommer sehr trocken, dann brauchen Birnen eine ausreichende Bewässerung, damit sie möglichst keine Steinzellen bilden. Denn die Neigung dazu hängt nicht von der Sorte, sondern eben auch der Wasserversorgung während der Fruchtbildung ab.

>> Die flach wurzelnden Beerensträucher sind in einem trockenen Sommer ebenfalls für eine zusätzliche Wasserversorgung dankbar.

>> Bei drohendem Regen sollten Sie reifende Kirschen besser vorher ernten, damit diese während des Regens nicht platzen und dann faulen.

>> Der Juli steht ganz im Zeichen der Obsternte. Was Sie nicht frisch verbrauchen können und was auch nicht nachreift, das sollten Sie verarbeiten oder einfrieren. Vielleicht gibt es ja auch ein paar neue Rezepte, die Sie einmal ausprobieren möchten.

Kirschsuppe
mit Grießklößchen

Zutaten für 4 Personen:

Für die Suppe:
500 g entsteinte Sauerkirschen, 300 ml Wasser,
1 Stückchen Schale einer Biozitrone, 2 EL Speisestärke, 3 EL Zucker, ½ Päckchen Vanillezucker

Für die Klößchen:
250 ml Milch, 50 g Hartweizengrieß, 1 EL Zucker, 1 Ei

Dieses Rezept wurde
entnommen aus
„Heilkraft von Obst
und Gemüse" von
Ursel Bühring und
Bernadette Bächle-
Helde, erschienen im
Verlag Eugen Ulmer,
ISBN 978-3-8186-1371-6.

Die Sauerkirschen in 300 ml Wasser, gewürzt mit einem Stückchen Zitronenschale, 8-10 min kochen. Die Speisestärke in etwas kaltem Wasser anrühren, in die Suppe rühren und einmal kurz aufkochen lassen. Die Zitronenschale herausnehmen. Den Zucker und den Vanillezucker einrühren, bis sie sich aufgelöst haben. Die Suppe abkühlen lassen, dabei gelegentlich umrühren.
Für die Grießklößchen die Milch zum Kochen bringen. Grieß und Zucker unter Rühren langsam einrieseln lassen, ungefähr 3 min kochen. Die Masse von der Herdplatte nehmen und das Ei unterrühren (zuvor etwas abkühlen lassen, damit das Ei nicht gerinnt). In einem flachen Topf Wasser zum Kochen bringen, mit zwei angefeuchteten Löffeln Klößchen aus der Masse formen und in dem heißen Wasser 3-4 min garen. Die Klößchen abtropfen lassen und in die kalte Suppe geben.

BLÄTTER UND BLÜTEN FÜR DEN SCHATTEN

Der schmale Beetstreifen an der Nordseite des Hauses oder ein Hang, über den die Nachbarsbäume ragen: Trockener Schatten kann eine Herausforderung sein. Doch es gibt eine Reihe robuster Pflanzen, die auch unter diesen Bedingungen blühen und gedeihen.

Trockener Schatten macht es Pflanzen oft von mehreren Seiten schwer, sich zu etablieren. Neben geringer Bodenfeuchte und wenig Licht ist der Boden, gerade unter Bäumen, häufig stark durchwurzelt und nährstoffarm, dazu kommt eine generell dünne Erdschicht, was besonders in Hanglagen zu beobachten ist. In allen Fällen profitiert ein Standort daher von einer Aufwertung des Bodens mit Lauberde, halb verrotteten Blättern oder etwas Kompost. Als Abschluss sollte unbedingt Mulch in Form von Laub oder Staudenschnitt eingeplant werden, um die rare Feuchtigkeit besser im Boden zu halten und den Bodenorganismen das Leben zu erleichtern.

Frühlingsblüher vor!

Auch wenn sie klein sind: Besonders frühlingsblühende Zwiebel- und Knollenpflanzen eigenen sich gut für trockenen Schatten. Das liegt daran, dass sie mit ihren Speicherorganen karge Zeiten gut überdauern können und daher auch im Wurzelgeflecht großer Bäume durchhalten. Neben Blausternchen, Winterlingen und Schneeglanz, die man in Form von Zwiebeln ansiedelt, sind es vor allem Stauden wie Busch-Windröschen, Hohler Lerchensporn und auch *Cyclamen*, die an schwierigen Standorten dichte Bestände bilden.

Echte Hitzeprofis

Gerade wenn der Regen zunehmend öfter ausbleibt, wird eine vorausschauende Gartengestaltung mit robusten, wärmeliebenden Stauden immer wichtiger. Daher finden Sie in diesem Buch 15 erprobte Pflanzenkombinationen inklusive Alternativen und jahreszeitlichen Ergänzungen, die der nächsten Dürreperiode mühelos standhalten.

„Echte Hitzeprofis: Nachhaltige Gartengestaltung mit trockenheitsliebenden Stauden " von Katrin Lugerbauer, erschienen im Verlag Eugen Ulmer, ISBN 978-3-8186-1765-3

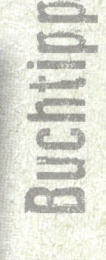

Attraktiv, robust und aus der Nähe

Eine ganze Menge passender Pflanzen kommt in der heimischen Natur vor. So bilden Mandelblättrige Wolfsmilch (*Euphorbia amygdaloides*), Frühlings-Platterbsen und die Mondviole eine schöne Zusammenstellung, die auch etwas höher wächst und im April und Mai für Farbe sorgt. Falls Ihr trockener Schatten Morgen- oder Abendsonne bekommt, ist der cremegelb blühende Klebrige Salbei (*Salvia glutinosa*) zusammen mit der hübschen lila Wald-Witwenblume (*Knautia dipsacifolia*) eine tolle Wahl, die auch Hummelherzen höherschlagen lässt!

Wenn sonst nichts geht …

Was auf alle Fälle immer wächst, sind Bodendecker, die in guten Böden oft zu wüchsig sind. Im trockenen Schatten kann man sich ihre Vitalität zunutze machen und Flächen begrünen, die anders nur schwer zu schließen sind. So fühlen sich hier Maiglöckchen wohl, ebenso die wirklich robusten europäischen Elfenblumen, darunter die Alpen-Sockenblume (*Epimedium alpinum*) oder die hinreißend gelb blühende *E. × perralchicum* 'Frohnleiten'. Gemeinsam mit der grün blühenden Nieswurz können so Kombinationen geschaffen werden, die auch den Winter über etwas hermachen.

(lug)

Weitere trockenheitstolerante Schattenpflanzen

Für raschen Bewuchs ist der **Kaukasus-Beinwell** (*Symphytum caucasicum*) ein guter Tipp! Er bildet kurze Ausläufer, trägt robustes Laub und lockt im Frühling mit gelben oder hellblauen Blüten Insekten an.

Viele Farne sind widerstandsfähiger als gedacht. Vor allem **Wurmfarn, Hirschzungenfarn** (*Asplenium scolopendrium*) und **Tüpfelfarn** behaupten sich, einmal eingewurzelt, auch bei Trockenheit gut.

Wer sich seinen Platz selber sucht, ist robuster: Daher **Gelben Scheinlerchenspor**n (*Pseudofumaria lutea*), **Kambrischen Scheinmohn** (*Meconopsis cambrica*), **Akelei** und **Nesselblättrige Glockenblume** (*Campanula trachelium*) selbst aussäen lassen!

Der Hohle Lerchensporn kommt auch mit schwierigen Standorten zurecht.

Farne sind eine gute Idee für schattige Standorte.

August

Der Mond wirkt als kosmischer Spiegel für Tierkreiskräfte bei seiner Wanderung durch die Tierkreiszeichen:

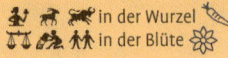 in der Wurzel 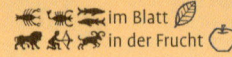 im Blatt
in der Blüte   in der Frucht

29 Montag

°C

30 Dienstag

°C

31 Mittwoch

°C

1 Donnerstag

S: 05:47 – 21:09
M: 01:44 – 20:03

■ Nationalfeiertag (CH)

°C

2 Freitag

Pflanzzeit

■ Kurz vor Neumond besser nicht säen oder pflanzen.

S: 05:49 – 21:07
M: 02:45 – 20:44

°C

3 Samstag

■ Kopfsalate pflanzen.

S: 05:50 – 21:05
M: 03:57 – 21:13

°C

4 Sonntag

● 13:13

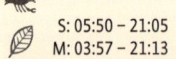

S: 05:52 – 21:04
M: 05:15 – 21:34

■ St. Dominikus

°C

Pflanzzeit

5 Montag

S: 05:53 – 21:02
M: 06:31 – 21:49

6 Dienstag

S: 05:55 – 21:00
M: 07:46 – 22:01

■ Von Mitte Juli bis Mitte August ist die ideale Erdbeerpflanzzeit.

7 Mittwoch

S: 05:56 – 20:58
M: 08:57 – 22:11

8 Donnerstag

S: 05:58 – 20:56
M: 10:07 – 22:20

9 Freitag

S: 05:59 – 20:55
M: 11:16 – 22:30

■ Mond in Erdferne und am Knoten ist ungünstig für Saat und Pflanzung.
■ 19. DIGA Gartenmesse • Kloster Wiblingen 9.–11.8. • Infos siehe Seite 196

10 Samstag

S: 06:01 – 20:53
M: 12:26 – 22:41

■ St. Laurentius

11 Sonntag

S: 06:02 – 20:51
M: 13:38 – 22:54

°C

Der Mond wirkt als kosmischer Spiegel für Tierkreiskräfte bei seiner Wanderung durch die Tierkreiszeichen:

in der Wurzel — in der Blüte — im Blatt — in der Frucht

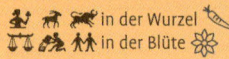

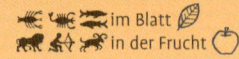

12 Montag

17:19

S: 06:04 – 20:49
M: 14:53 – 23:11

Pflanzzeit

13 Dienstag

S: 06:05 – 20:47
M: 16:10 – 23:36

- Nach der Ernte Erdbeerpflanzen mit Kompost versorgen, damit sie sich gut erholen.
- St. Kassian

14 Mittwoch

S: 06:07 – 20:45
M: 17:25 – 24:00

15 Donnerstag

S: 06:09 – 20:43
M: 18:33 – 00:11

- Mariä Himmelfahrt (Feiertag in SL und teilweise BY)

16 Freitag

S: 06:10 – 20:41
M: 19:27 – 01:03

- Rosemoor Flower Show • Devon, England 16.–18.8. • Infos siehe Seite 196
- St. Joachim

17 Samstag

S: 06:12 – 20:39
M: 20:06 – 02:14

- Hohe Herbststauden aufbinden und bei Bedarf stützen.

18 Sonntag

S: 06:13 – 20:37
M: 20:33 – 03:40

°C

19 Montag

○ 20:26

S: 06:15 – 20:35
M: 20:53 – 05:12

■ St. Sebaldus

20 Dienstag

S: 06:16 – 20:33
M: 21:09 – 06:45

21 Mittwoch

■ Mond in Erdnähe ist ungünstig für Saat und Pflanzung.

S: 06:18 – 20:31
M: 21:22 – 08:17

22 Donnerstag

■ Mond am Knoten ist ungünstig für Saat und Pflanzung.

■ Beerensträucher mit Ausnahme von Brombeeren nach der Ernte auslichten und mit Kompost versorgen.

S: 06:20 – 20:29
M: 21:35 – 09:47

23 Freitag

S: 06:21 – 20:27
M: 21:49 – 11:16

24 Samstag

S: 06:23 – 20:25
M: 22:06 – 12:45

■ St. Bartholomäus

25 Sonntag

S: 06:24 – 20:22
M: 22:27 – 14:15

Der Mond wirkt als kosmischer Spiegel für Tierkreiskräfte bei seiner Wanderung durch die Tierkreiszeichen:

in der Wurzel
in der Blüte
im Blatt
in der Frucht

26 Montag

◑ 11:26

S: 06:26 – 20:20
M: 22:57 – 15:41

27 Dienstag

S: 06:28 – 20:18
M: 23:40 – 16:58

28 Mittwoch

■ Vorgezogene Zweijährige wie Stockrosen, Vergissmeinnicht und Marien-Glockenblume auf freie Beete pflanzen.

S: 06:29 – 20:16
M: 00:00 – 18:01

■ St. Augustin

29 Donnerstag

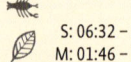

Pflanzzeit

S: 06:31 – 20:14
M: 00:36 – 18:46

30 Freitag

■ Spinat und Feldsalat aussäen.

S: 06:32 – 20:12
M: 01:46 – 19:18

31 Samstag

S: 06:34 – 20:09
M: 03:01 – 19:40

1 Sonntag

feuriges Blüten-schauspiel

Fackel-lilie

Mit den prächtig blühenden Fackellilien kommt ein Hauch von Afrika in den Garten. Beheimatet im südafrikanischen Hochland, sind diese eindrucksvollen „Flammenwerfer" leichte Fröste gewöhnt. Mit etwas Winterschutz vertragen sie Temperaturen bis −10 °C meist problemlos.

Exotisches Flair

Die wichtigste Stammart der Hybriden ist *Kniphofia uvaria*. Deshalb werden die Sorten mal dieser Art zugerechnet, mal als *Kniphofia*-Hybriden geführt. Ihre großen Blütenkolben bieten ein wunderschönes Schauspiel, wenn sie von unten nach oben aufblühen. Sehr attraktiv sind z. B. 'Royal Standard' mit unten gelben, oben feuerroten Kolben, die orangegelbe 'R. W. Kerr' und die flammend orangerote, besonders robuste 'Alcazar'. Fackellilien harmonieren schön mit Bartiris und Ziergräsern.

Empfindlich gegen Nässe

Fackellilien pflanzt man am besten im Frühjahr, mit 50–60 cm Abstand. Ratsam ist eine gute Dränage im Pflanzloch, z. B. mit Kies. Vor allem bis zur Blüte sollte man auf ausreichende Feuchtigkeit achten. Mulchen ist vorteilhaft. Das Wegschneiden verblühter Kolben kann die Blütezeit verlängern. Im Herbst empfiehlt es sich, die Blätter zu einem Schopf zusammenzubinden und den Wurzelbereich mit Laub und Fichtenreisig vor Nässe zu schützen. Im Frühjahr schneidet man die Blätter dann handbreit über dem Boden weg. (may)

Kurzporträt

Botanischer Name: *Kniphofia*-Hybriden
Wuchs: Staude mit rosettenartigen Horsten und kräftigen Blütenschäften, 60–120 cm hoch
Blüte: röhrenförmig, dicht an dicht in kolbenähnlichen Trauben, orange, rot, gelb, weißlich, auch zweifarbig
Blütezeit: Juli bis September
Blatt: schmal, grasähnlich; wintergrün
Ansprüche: sonnig, warm; gut durchlässiger, humoser, frischer Boden
Verwendung: einzeln oder in kleinen Gruppen in Beeten und Rabatten; auch im Kübel
Besonderheiten: durch das Aufblühen von unten her lange Blütezeit mit veränderlichen Farbtönen

Ziergarten

Heuschrecken - die, die mit den Flügeln singen

Für viele ist das Zirpen der Heuschrecken der Inbegriff des Sommers. Es sind vor allem die Männchen, die singen, und das in einer in der Insektenwelt einmaligen Vielfalt. Mit ihren Gesängen locken sie die Weibchen an. Die Töne der Heuschrecken entstehen durch das Aneinanderreiben verschiedener Körperteile. Bei den sogenannten Langfühlerschrecken wie Grillen und Laubheuschrecken sind es die Vorderflügel. Einer der Flügel besitzt eine Reihe von Zähnchen - die Schrillleiste, der andere Flügel eine Kante. Zieht das Insekt die Leiste über die Kante, ertönt sein Lied. Kurzfühlerschrecken wie die bekannten Grashüpfer „singen", indem sie die Hinterbeine über die Vorderflügel wetzen. (kie)

» Laubabwerfende Heckengehölze werden üblicherweise Ende Juni nach der Vogelschutzzeit zurückgeschnitten. Denn dann haben sie die erste Wachstumsphase abgeschlossen und lassen sich gut in Form bringen und gleichzeitig pflegen. Da starkwüchsige Gehölze wie Hainbuchen während der folgenden Monate jedoch nochmals kräftig austreiben, können Sie diese im August noch einmal schneiden. Übertreiben Sie es mit diesem Rückschnitt aber nicht, da sich die dadurch entstehenden Lücken erst mit dem Neuaustrieb im nächsten Frühjahr schließen.

» Ranunkeln können in milden Regionen durchaus im Garten überwintern, wenn man ihnen eine passende Schutzabdeckung spendiert. Ansonsten sollte man die Wurzelknollen besser nach dem Verblühen und Vergilben des Laubs aus dem Boden nehmen, kühl und trocken lagern und im nächsten Frühjahr wieder einpflanzen.

» Wird Ihnen die Selbstaussaat der Roten Spornblume lästig, dann denken Sie daran, die Stängel gleich nach der Blüte zurückzuschneiden. Das hat oft auch den positiven Nebeneffekt, dass die Pflanzen eine Nachblüte bilden, die teilweise noch bis in den Oktober hinein andauert.

Gemüsegarten

>> Möchten Sie noch Chinakohl anbauen, dann ist Anfang des Monats noch Gelegenheit für eine Direktsaat im Freiland. Der Pflanzenabstand sollte dabei 40 × 40 cm betragen.

>> Bei den Tomatenpflanzen sollten Sie nun die restlichen Blüten entfernen, da diese nicht mehr zu Früchten heranreifen würden und den Gewächsen nur Kraft kosten. Diese sollten sie besser bei den schon vorhandenen Tomaten nutzen.

>> Blütenendfäule bei Tomaten entsteht durch Kalziummangel, wobei eher der unzureichende Transport zu den Früchten das Problem ist. Daher ist es wichtig, auf eine gleichmäßige Wasserversorgung der Pflanzen zu achten und auch die Blätter im unteren Bereich zu entfernen, damit diese nicht mit den Früchten um das Kalzium konkurrieren.

>> Säen Sie Winterportulak im August oder September direkt ins Freiland aus, entweder breitwürfig oder in Reihen.

>> Radicchio können Sie Anfang des Monats immer noch ins Freiland pflanzen. Danach wird es dann allerdings zu spät.

>> Die Sommersorten des Spinats können noch im August und September ausgesät werden. Ab Ende September sollten Sie dann aber zu Herbstsorten greifen.

Schwarze Freilandtomate

'HappyBlack' ist eine rot-schwarz geflammte Cherrytomate, die gegen *Phytophthora* und *Alternaria* resistent ist. Sie ist starkwüchsig, ertragreich und wird am besten als Stabtomate gezogen. Die fleischigen Früchte weisen ein intensives Aroma mit gut wahrnehmbarer Säure und einer fleischigen Würze (umami) auf. Sie sollten die Pflanzen aufgrund des starken Wachstums regelmäßig ausgeizen. Auch wenn man von 'HappyBlack' nur vegetativ über Gewebekultur vermehrte Jungpflanzen bekommt, ist diese interessante Sorte vielleicht einen Versuch im eigenen Garten wert. Setzen Sie die Pflanzen dort nach den letzten Frösten mit einem Abstand von 70-80 cm (eintriebige Erziehung) bzw. 120 cm (zweitriebige Erziehung) an einen sonnigen Platz. (red)

Obstgarten

Zwergbrombeere

'Dima' ist eine Zwergsorte, die an den letztjährigen, dornenlosen Ruten fruchtet, wobei auch die diesjährigen Jungtriebe teilweise im Spätsommer und Herbst blühen und Früchte tragen. Diese sind mittelgroß, glänzend schwarz, können von Mitte August bis Ende September geerntet werden und schmecken angenehm. 'Dima' eignet sich gut für die Kultur in Kübeln, kann aber auch in einem Hochbeet eine gute Figur machen. Sie benötigt einen sonnigen Standort und wird im Halbschatten höher. (red)

>> Blumen-Hartriegel (*Cornus kousa*) erfreuen den Gartenbesitzer nicht nur durch ihre schönen Blüten, sondern bilden im Sommer auch attraktive Früchte. Diese sehen jedoch nicht nur schön aus, sondern können auch verzehrt werden. Am besten kocht man sie zusammen mit etwas Apfelsaft weich und streicht diese Mischung dann durch ein Sieb. Anschließend lässt sich aus dem Fruchtbrei eine schmackhafte Marmelade herstellen.

>> Reifende Trauben sollte man mit einem feinmaschigen Netz vor Vögeln schützen. Kontrollieren Sie das Netz regelmäßig, damit eventuell hineingeratene Vögel schnell befreit werden können.

>> Von Hagelschäden betroffene Früchte sollten Sie möglichst bald entfernen, da die Verletzungen Eintrittspforten für Fäulniserreger darstellen.

>> Heidelbeeren werden am besten im August/September gepflanzt.

>> Pfirsichbäume sollten bei Bedarf direkt nach der Ernte ausgelichtet werden.

>> Da geerntete Brombeeren nicht mehr nachreifen, sollten Sie die Beeren erst dann pflücken, wenn sie wirklich reif sind. Warten Sie daher noch ein paar Tage, nachdem sie sich tiefschwarz verfärbt haben. Dann sollten sie auch etwas weich sein und sich leicht lösen lassen.

Bohnen mit Tomaten

Zutaten für 2 Personen:

2 EL Olivenöl, 2 in feine Scheiben geschnittene Knoblauchzehen, 400 g quer halbierte grüne Bohnen, 3 gewürfelte Tomaten, Pfeffer, Salz, 3 Stängel klein geschnittenes Basilikum

Dieses Rezept wurde entnommen aus „Heilkraft von Obst und Gemüse" von Ursel Bühring und Bernadette Bächle-Helde, erschienen im Verlag Eugen Ulmer, ISBN 978-3-8186-1371-6.

Öl in einer Pfanne erhitzen, Knoblauchscheiben hineingeben und unter Rühren andünsten. Die halbierten Bohnen hinzugeben und kurz mitbraten. Etwas Wasser hinzugeben und das Ganze zugedeckt 10-15 min köcheln lassen. 2 min vor Ende der Garzeit die gewürfelten Tomaten hinzufügen. Mit Pfeffer und Salz abschmecken und das Basilikum unterrühren. Dazu passen Vollkornreis oder Kartoffeln.

EIGENES
GEMÜSESAATGUT

Tomaten, Bohnen & Co. aus selbst gewonnenen Samen heranziehen: Das macht Spaß und kann zu einem faszinierenden Hobby werden. Besonders spannend und hilfreich ist die Vermehrung von alten, seltenen Sorten, deren Saatgut im Fachhandel nur schwer erhältlich ist.

Erbsen- und Bohnensamen erntet man, wenn die Hülsen trocken sind.

Vor allem das Wiederentdecken fast ausgestorbener Tomatensorten hat bei vielen das Interesse an der eigenen Samenvermehrung geweckt. Zwar findet man mittlerweile auch in Gartenmärkten Saatgut von alten „Schätzchen" wie 'Berner Rose' und 'Rote Murmel'. Doch wahre Tomatenfans wissen, dass es zahlreiche weitere Sorten gibt, die das Ausprobieren lohnen und oft nur über Saatguttauschbörsen zu bekommen sind.

Die besten Kandidaten

Viele moderne Gemüsesorten sind F_1-Hybriden, die immer wieder neu gekreuzt werden. Gewinnt man davon Samen, wachsen daraus sehr unterschiedliche, oft unbefriedigende Nachkommen. Die Vermehrung lohnt sich deshalb nur bei samenechten Sorten. Aber auch das führt teils zu unerwarteten Ergebnissen, wenn Pollen anderer Sorten durch Insekten oder Wind auf die Blüten gelangen. Bei Kürbis und Zucchini kann das sogar gefährlich werden, wenn die Blüten mit den Pollen giftiger Zierkürbisse bestäubt werden.

Für den Einstieg in die Samenvermehrung eignen sich deshalb vor allem Gemüse, die sich überwiegend selbst befruchten: nämlich Tomate, Erbse, Busch- und Stangenbohne sowie Kopf-, Pflück- und Romanasalat.

Auf genug Abstand achten

Wenn Sie z. B. die 'Dattelweintomate' mit ihren gelben Früchtchen vermehren wollen, reicht ein „Isolationsabstand" von 5–10 m zu einer anderen Tomatensorte: Dann besteht kaum die Gefahr einer unerwünschten Einkreuzung. Derselbe Abstand empfiehlt sich für die Samengewinnung von Bohnensorten. Für das Vermehren von Erbsen- und Salatsorten genügt sogar ein Isolationsabstand von 2–5 m. Chilis sind zwar auch selbstfruchtbar, neigen aber stark zum Verkreuzen, wenn in weniger als 100 m Entfernung andere Chili- und Paprikasorten wachsen.

Bei Tomaten, Chilis und Paprika gelingt die Samengewinnung am besten im Gewächshaus. Hier mangelt es allerdings an Wind und Insekten, um die Pollen auf den Narben der Blüten zu verteilen. Deshalb empfiehlt sich unter Glas häufiges Rütteln der blühenden Pflanzen, das Übertragen der Pollen mit einem Pinsel oder das „Trillern" mit einer elektrischen Zahnbürste.

Ernte der „Samenträger"

Pflanzen, von denen man die Samen ernten möchte, sollte man nur zurückhaltend mit Stickstoff versorgen. Man hält sie ab Blühbeginn gleichmäßig recht feucht, zur Samenernte hin dann trockener. Tomaten werden für die Samenernte einfach dann gepflückt, wenn sie vollreif sind; Erbsen- und Bohnensamen am besten, wenn die Hülsen trocken und bereits brüchig sind. Beim Salat ist das etwas diffiziler: Hier muss man den Zeitpunkt erwischen, bevor die schmalen Kapseln mit ihrem weißen Haarkranz davonfliegen, den Samen aber schon leicht freigeben. (may)

Samen aus saftigen Früchten lösen

Früchte wie Tomaten und Gurken schneidet man auf und schabt das Fruchtfleisch mit einem Löffel oder Messer in ein sauberes Gefäß. Dann gibt man alles in ein Sieb und hält es unter fließendes Wasser, bis sich die Fruchtfleischreste von den Samen gelöst haben. Anschließend lässt man die gesäuberten Samen, ausgebreitet auf einem Filterpapier, an einem warmen Platz ein bis zwei Tage abtrocknen. Danach kommt das Saatgut in ein Schraubdeckelglas und wird an einem kühlen, dunklen Ort aufbewahrt.

Tomatensamen sollte man nach dem Waschen gut trocknen lassen.

September

Der Mond wirkt als kosmischer Spiegel für Tierkreiskräfte bei seiner Wanderung durch die Tierkreiszeichen:

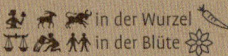 in der Wurzel   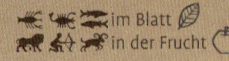 im Blatt
in der Blüte   in der Frucht

35. Woche

26 Montag
°C

27 Dienstag
°C

28 Mittwoch
°C

29 Donnerstag
°C

30 Freitag
°C

31 Samstag
°C

1 Sonntag

Pflanzzeit

■ Kurz vor Neumond besser nicht säen oder pflanzen.

S: 06:35 – 20:07
M: 04:18 – 19:56

■ St. Ägidius

Pflanzzeit

2 Montag

S: 06:37 – 20:05
M: 05:33 – 20:09

3 Dienstag

● 03:56

S: 06:39 – 20:03
M: 06:45 – 20:19

■ Wisley Flower Show • Woking, England 3.–8.9. • Infos siehe Seite 196

4 Mittwoch

S: 06:40 – 20:00
M: 07:55 – 20:29

5 Donnerstag

S: 06:42 – 19:58
M: 09:05 – 20:38

■ Mond in Erdferne und am Knoten ist ungünstig für Saat und Pflanzung.

6 Freitag

S: 06:43 – 19:56
M: 10:14 – 20:49

■ Blumen und Kübelpflanzen, die überwintern, ab jetzt nicht mehr düngen.

■ St. Mang & St. Magnus

7 Samstag

S: 06:45 – 19:54
M: 11:25 – 21:01

■ Rosen- und Gartenmesse • Festung Rosenbach Kronach 7.–8.9. • Infos siehe Seite 196

■ Illertisser Gartentage • Illertissen 7.–8.9. • Infos siehe Seite 196

■ Hl. Regina

8 Sonntag

S: 06:47 – 19:51
M: 12:39 – 21:16

■ Mariä Geburt

Der Mond wirkt als kosmischer Spiegel für Tierkreiskräfte bei seiner Wanderung durch die Tierkreiszeichen:

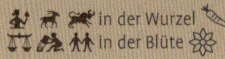 in der Wurzel 🥕
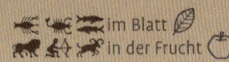 im Blatt 🍃
in der Blüte ❄
in der Frucht 🍎

9 Montag

Pflanzzeit

🦂
🍃
S: 06:48 – 19:49
M: 13:54 – 21:36

☀
⛅
🌦
🌧
❄
°C

10 Dienstag

■ Abgeerntete Himbeeren zurückschneiden, mit Kompost und Rindenmulch versorgen.

🏹
🍎
S: 06:50 – 19:47
M: 15:09 – 22:06

☀
⛅
🌦
🌧
❄
°C

11 Mittwoch

● 8:06

🏹
🍎
S: 06:51 – 19:45
M: 16:19 – 22:49

☀
⛅
🌦
🌧
❄
°C

12 Donnerstag

🏹
🍎
S: 06:53 – 19:42
M: 17:17 – 23:50

☀
⛅
🌦
🌧
❄
°C

13 Freitag

■ Wurzelgemüse legt jetzt noch kräftig an Wachstum zu, daher gleichmäßig feucht halten.

■ Fürstliches Gartenfest Schloss Wolfsgarten • Schloss Wolfsgarten, Langen 13.–15.9. • Infos siehe Seite 196

🐐
🥕
S: 06:54 – 19:40
M: 18:01 – 24:00

☀
⛅
🌦
🌧
❄
°C

14 Samstag

🐐
🥕
S: 06:56 – 19:38
M: 18:33 – 01:08

☀
⛅
🌦
🌧
❄
°C

15 Sonntag

🏺
❄
S: 06:58 – 19:35
M: 18:56 – 02:36

■ Eidgenössischer Dank-, Buß- und Bettag (CH)

☀
⛅
🌦
🌧
❄
°C

SEPTEMBER

38. Woche

16 Montag

S: 06:59 – 19:33
M: 19:13 – 04:08

°C

17 Dienstag

■ Spinat und Feldsalat aussäen.

S: 07:01 – 19:31
M: 19:27 – 05:41

■ St. Lambert

°C

18 Mittwoch

◯ 04:34

■ Mond in Erdnähe und am Knoten ist ungünstig für Saat und Pflanzung.

S: 07:02 – 19:29
M: 19:40 – 07:13

°C

19 Donnerstag

■ Auf Beeten, die nicht mehr bestellt werden, Gründüngung einsäen.

S: 07:04 – 19:26
M: 19:54 – 08:45

°C

20 Freitag

S: 07:05 – 19:24
M: 20:10 – 10:17

■ Weltkindertag (Feiertag in TH)

°C

21 Samstag

S: 07:07 – 19:22
M: 20:30 – 11:50

■ St. Matthäus

°C

22 Sonntag

S: 07:09 – 19:19
M: 20:57 – 13:22

■ Herbstanfang
■ St. Moritz

°C

Der Mond wirkt als kosmischer Spiegel für Tierkreiskräfte bei seiner Wanderung durch die Tierkreiszeichen:

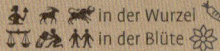 in der Wurzel   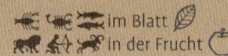 im Blatt
in der Blüte   in der Frucht

23 Montag

S: 07:10 – 19:17
M: 21:35 – 14:46

°C

24 Dienstag

◑ 20:50

S: 07:12 – 19:15
M: 22:28 – 15:55

■ Stauden pflanzen bzw. mittels Stockteilung verjüngen und vermehren.

°C

25 Mittwoch

Pflanzzeit

S: 07:13 – 19:12
M: 23:35 – 16:47

°C

26 Donnerstag

S: 07:15 – 19:10
M: 00:00 – 17:23

■ Im Gewächshaus können weiterhin Salate gepflanzt werden.

°C

27 Freitag

S: 07:17 – 19:08
M: 00:50 – 17:47

■ Frühlingsblumenzwiebel pflanzen – dabei die entsprechende Pflanztiefe beachten.

°C

28 Samstag

S: 07:18 – 19:06
M: 02:06 – 18:05

■ Malvern Autumn Show • Malvern, England 28.–29.9. • Infos siehe Seite 196

°C

29 Sonntag

S: 07:20 – 19:03
M: 03:22 – 18:18

■ St. Michael

°C

30 Montag

S: 07:21 – 19:01
M: 04:34 – 18:29

 Kurz vor Neumond besser nicht säen oder pflanzen.

°C

1 Dienstag

°C

2 Mittwoch

°C

3 Donnerstag

°C

4 Freitag

°C

5 Samstag

°C

6 Sonntag

°C

ein strauch für alle Fälle

Wolliger Schneeball

Der filzigen Behaarung seiner Zweige und Blattunterseiten verdankt dieser Schneeball das Prädikat „wollig". Abgesehen von sehr saurem Boden, Staunässe und tiefem Schatten kommt der Wollige Schneeball mit jedem Standort zurecht. Er verträgt Trockenheit und Hitze ebenso wie heftige Winde. Und die Vögel schätzen ihn als Nist- und Nährgehölz.

Ansehnliche Gartenzierde

Der anspruchslose Wollige Schneeball gehört zu den am häufigsten verwendeten Landschaftsgehölzen für Schutzhecken und zur Böschungsbefestigung. Das kann man sich ebenso im Garten zunutze machen. Hier wird er aber auch als pflegeleichtes und attraktives Ziergehölz geschätzt. Allerdings pflanzt man ihn besser nicht in der Nähe von Terrasse oder Gartensitzplatz, weil seine Blüten ziemlich unangenehm riechen.

Jugendlicher Schnellstarter

Durch seine anfängliche Wuchsfreude macht der Wollige Schneeball schon bald etwas her. Doch das beruhigt sich nach dem Jugendstadium, übermäßiger Breitenwuchs ist kaum zu befürchten. Treibt er mit der Zeit Wurzelschösslinge, kann man diese beherzt abstechen. Oft reichen aber schon Schere und Säge, um das gut schnittverträgliche Gehölz im Zaum zu halten. Wer auf die feinen Filzfasern an Blättern und Zweigen empfindlich reagiert, sollte bei allen Pflegearbeiten Atemmaske und Schutzbrille tragen. (may)

Kurzporträt

Botanischer Name: *Viburnum lantana*
Wuchs: Strauch, dicht verzweigt, 1,5–3,5 m hoch und breit
Blüte: weiß, klein, in 5–10 cm breiten Schirmrispen, strenger Geruch
Blütezeit: Mai bis Juni
Blatt: eiförmig, fein gezähnt, oberseits mattgrün, unterseits wollig graugrün, gelbe bis rötliche Herbstfärbung
Ansprüche: sonnig bis halbschattig; geringe Bodenansprüche, aber nässeempfindlich, kalkliebend; stadtklimafest
Verwendung: einzeln, in Gruppen und Hecken; auch im Kübel
Besonderheiten: ab September zierende, erbsengroße, rote und schwarze Früchte; giftig!

Hagebutten - mehr als nur ein Farbtupfer

Viele Rosen trumpfen im Herbst mit leuchtenden Hagebutten auf und bringen bis in den Winter hinein Farbe in die sonst eher graubraune Natur. Hagebutten sind aber nicht nur hübsch anzusehen, aus den roten Früchtchen entstehen z. B. köstliche Brotaufstriche und leckere Tees. Auch für schöne Herbst- und Winterdekorationen eignen sie sich perfekt. Und bei zahlreichen Vögeln und Kleintieren stehen die vitaminreichen Hagebutten spätestens im Winter auf dem Speiseplan. Der Vitamin-C-Gehalt der Hagebutten ist enorm. Er soll teilweise den von Zitronen und Sanddorn übertreffen. Geerntet werden Hagebutten am besten zur Vollreife im September bis zum Oktober. Dann sind sie voll ausgefärbt und noch fest.

Ziergarten

>> Suchen Sie noch einen passenden Flieder, haben aber nicht so viel Platz im Garten, dann schauen Sie sich einmal die eher klein bleibenden Sorten 'Tinkerbelle' (rosa), 'Minuet' (hellviolett, spätblühend), 'Palibin' (blassrosa) und 'Red Pixie' (blassrosa bis magenta) an.

>> Immergrüne Gehölze sollte man im Herbst so frühzeitig wie möglich in den Boden bringen, damit sie im dann noch warmen Boden schnell neue Wurzeln bilden. Das ist wichtig für die winterliche Wasserversorgung. Eine Ausnahme von dieser Regel stellen frostempfindliche Arten wie der Kirschlorbeer dar, die besser erst im Frühjahr gepflanzt werden sollten.

>> Wenn Sie gegen die Eigelege der Nacktschnecken vorgehen, dann sollten Sie möglichst die der nützlichen Arten wie Weinbergschnecke, Tigerschnegel und Hain-Bänderschnecke verschonen. Man kann sie durchaus am Ablageort sowie Anzahl und Aussehen der Eier unterscheiden: Weinbergschnecke: selbst gegrabene Erdgrube, weißlich, nur leicht durchscheinend, 40 bis 60 Eier im Gelege; Tigerschnegel: Bodenoberfläche, transparent, klar, farblos, 100 bis 300 Eier im Gelege; Hain-Bänderschnecke: selbst gegrabene Erdhöhlen, weißlich mit Kalkschale, 30 bis 60 Eier im Gelege; Spanische Wegschnecke: Erdoberfläche, Pflanzenstreu, Erdhöhlen, weißlich glänzend, nicht transparent, bis zu 225 Eier im Gelege. Sind Sie sich unsicher, dann schauen Sie sich am besten noch einmal Bilder von entsprechenden Eiern an.

Gemüsegarten

>> Freilandtomaten, die Sie zum Schutz vor Regen abgedeckt haben, sollten dennoch möglichst luftig stehen. Ansonsten besteht die Gefahr, dass sich Tropfwasser bildet, das zu Kraut- und Braunfäule führen kann. Und damit wären dann Ernteausfälle vorprogrammiert.

>> Ist schon mit dauerhaft kühlen Nächten zu rechnen, dann sollten Sie die empfindlichen Fruchtgemüse wie Kürbisse, Tomaten, Gurken und Paprika schnell komplett ernten. Bei einzelnen kühlen Nächten reicht meist noch eine nächtliche Vliesabdeckung.

>> Kälteempfindliche Kräuter wie Basilikum sollen vor den ersten kühlen Nächten nach drinnen geholt werden, wenn Sie sie noch länger verwenden möchten.

>> Noch können Sie gut eine Gründüngung auf den mittlerweile freien Beeten ausbringen. Dafür geeignet sind beispielsweise Schmalblättrige Lupine (*Lupinus angustifolius*), Phazelia oder auch Zottige Wicke (*Vicia villosa*).

>> Das Winter-Bohnenkraut schmeckt kurz vor oder während der Blüte am intensivsten. Dann ist auch der beste Zeitpunkt für die Ernte, wenn man das ganze Kraut trocknen möchte.

>> Wenn Sie Zeit haben, dann können Sie jetzt schon einmal das Gemüselager vorbereiten.

Berg-Lauch

Allium lusitanicum, auch als *A. senescens* ssp. *montanum* im Handel, ist ein dekorativ blühendes, ausdauerndes Küchenkraut, das trockenheitsverträglich ist und auf nährstoffarmen Böden wächst. Damit eignet es sich für Stein- oder Steppengärten und die Dachbegrünung, wächst aber auch gut in Kübeln oder einer Kräuterspirale. Der Standort sollte warm und sonnig sein, auf keinen Fall staunass. Die halbkugeligen, violetten Blütenstände erscheinen von Juli bis Ende August und werden gerne von Insekten besucht. Der pflegeleichte Berg-Lauch bildet mit der Zeit ausgedehnte Horste und kann komplett (Zwiebeln, Laub, Blüten) in der Küche verwendet werden. Er schmeckt ähnlich wie Frühlingszwiebeln mit einer Knoblauchnote. In milden Gegenden pflanzt man Berg-Lauch am besten im Herbst mit einem Abstand von 30-40 cm ins Freiland. (red)

Kompakte Apfelbeere

Die buschig wachsende Apfelbeere 'Little Helpers' bleibt deutlich kompakter als andere Sorten und ist daher gut für die Kübelkultur oder kleine Gärten geeignet. Die Pflanzen erreichen nach fünf Jahren etwa 60-80 cm Höhe bei ca. 50 cm Durchmesser, wobei sie jedoch schon nach einem Standjahr reichlich Früchte tragen. Die violett-schwarzen, mittelgroßen Früchte reifen Ende August bis September und schmecken mild und süß. Sie eignen sich damit für den Frischverzehr, aber auch für Säfte, Liköre, Marmeladen oder zum schonenden Trocknen. 'Little Helpers' ist selbstfruchtbar und bis etwa -30 °C winterhart. Allerdings sollte man die Kübel über Winter an einen möglichst schattigen Ort stellen, damit die Pflanzen nicht zu früh austreiben. (red)

Obstgarten

» Cranberrys können ab September bis zum Frostbeginn geerntet werden. Lassen Sie einige Beeren an den Sträuchern, dann sorgen diese oft noch bis ins nächste Frühjahr hinein für einen leuchtend roten Farbtupfer im Garten.

» Werden jetzt die Holunderbeeren reif und Sie möchten die Früchte nicht komplett den Tieren überlassen, dann können Sie außer Saft, Gelee oder Marmelade beispielsweise auch einmal ein schmackhaftes Mus aus Holunderbeeren, Pflaumen und Birnen zubereiten. Denken Sie aber in jedem Fall daran, die Beeren direkt nach der Ernte zu verarbeiten, da sie leicht schimmeln und Sie sich die Mühe sonst umsonst gemacht haben.

» Möchten Sie im nächsten Monat Obstbäume pflanzen, dann können Sie jetzt schon einmal die Pflanzstellen vorbereiten.

» Ist der September in diesem Jahr recht trocken, dann sollten Sie die Erdbeeren gut mit Wasser versorgen, damit die Pflanzen zahlreiche neue Blütenanlagen bilden.

» Die Früchte der Zieräpfel sehen nicht nur schön aus, sie eignen sich auch für die Verwertung in der Küche. Aus den Äpfeln alleine können Sie Gelee oder Kompott herstellen; gemischt mit anderem Obst werden daraus leckere Marmeladen oder auch Süßmost.

Zwetschgenröster

Zutaten für 4 Personen:

500 g entsteinte und in Stücke geschnittene Pflaumen, 50 g brauner Rohrzucker, 2 EL Zitronensaft, 1 Zimtstange, Mark von ½ Vanilleschote, 4 Gewürznelken, 100 ml Wasser

Dieses Rezept wurde entnommen aus „Heilkraft von Obst und Gemüse" von Ursel Bühring und Bernadette Bächle-Helde, erschienen im Verlag Eugen Ulmer, ISBN 978-3-8186-1371-6.

Die Pflaumenstücke zusammen mit dem Zucker, Zitronensaft, Zimt, Vanillemark und Gewürznelken im Wasser aufkochen lassen und zugedeckt 20 min weich garen. Die Zimtstange und die Nelken entfernen, das Kompott auskühlen lassen. Passt wunderbar zu Pfannkuchen, Dampfnudeln oder Vanilleeis.

Trockenrasen und Wiesenflair

Der sattgrüne Rasen wird von manchen Fachleuten schon als „Auslaufmodell" eingestuft. Denn bei zunehmender Trockenheit und Hitze verbräunen Rasenflächen schnell, wenn man im Sommer nicht ständig den Regner anwirft. Deshalb werden Alternativen immer wichtiger.

So vielfältig kann eine Trockenwiese im Sommer aussehen.

Seit rund 20 Jahren haben trockene, heiße Sommer deutlich zugenommen. Im Hochsommer 2022 war die Dürre mancherorts so extrem, dass sogar das Bewässern des Rasens untersagt wurde. Das könnte in Zukunft häufiger passieren. Und wenn nicht, steigt die Wasserrechnung gewaltig, falls der Regner bis zu dreimal in der Woche laufen muss.

Rasen mit wenig Durst

Die meisten Rasenmischungen bestehen aus Deutschem Weidelgras (*Lolium perenne*), Wiesen- Rispengras (*Poa pratensis*) – und aus Schwingelarten (*Festuca*), die den Unterschied bei der Standorteignung ausmachen können. Gebrauchs- und Landschaftsrasen für trockene Standorte haben einen hohen Anteil an Rohr-Schwingel (*Festuca arundinacea*), Echtem Schaf-Schwingel (*F. ovina*) und/oder Rot-Schwingel (*F. rubra*). Die Anteile solcher Gräser sind in den sogenannten Regelsaatgutmischungen (RSM) genau festgelegt. Unter diesen Qualitätsmischungen bieten sich vier „Problemlöser" mit geringem Wasserbedarf an:

• Gebrauchsrasen RSM 2.2.1 für Trockenlagen und RSM 2.2.2 für extreme Trockenlagen (z. B. auch für Rasengittersteine)
• Landschaftsrasen RSM 7.2.1 für Trockenlagen

Ratsam: feuchter Start

Als Saattermin für den Rasen wird heute oft der September oder Anfang Oktober empfohlen: Dann ist die Wahrscheinlichkeit, dass Regen beim Keimen und Anwachsen hilft, wesentlich größer als im April oder Mai. Denn auch Trocken- und Kräuterrasen brauchen nach der Aussaat rund vier Wochen gleichmäßige Feuchtigkeit. Beregnen Sie auch im folgenden Jahr noch etwas häufiger, bis sich das Wurzelwerk gut entwickelt hat. Mähen Sie die Gräser in der Sommerhitze nicht zu tief, sondern höchstens auf 6 cm.

• Landschaftsrasen RSM 7.2.2 für Trockenlagen, mit einem Anteil von Kräutern (Wildstauden) von rund 3 %; darunter z. B. Schafgarbe, Wiesen-Salbei, Hornklee.

Sonniges Wasserspargrün

Gebrauchsrasentypen für Trockenlagen wirken nicht ganz so „fein" wie andere Rasenflächen, lassen sich aber ebenso intensiv nutzen. Die Landschaftsrasen eignen sich weniger für häufige Ballspiele oder Gartenpartys, sind aber gut begehbar und sehr pflegeleicht.

Die Bezeichnungen der Regelsaatmischungen mit ihren Zahlenkürzeln wirken etwas bürokratisch. Deshalb wählen Saatgutanbieter für ihre Trockenrasenmischungen oft wohlklingendere Namen, vom „Sonnigen Grün" bis hin zum „Wassersparrasen". Man kann aber bei Markenprodukten davon ausgehen, dass sie sich an den Regelsaatmischungen orientieren und kontrollierte Qualität bieten. Die hat allerdings ihren Preis: Billigmischungen lohnen sich meist nicht.

Begehbare Wiesen

Ein Kräuter- oder Blumenrasen bleibt niedriger als eine Blumenwiese, ist anders als diese mäßig trittfest und somit begehbar. Es handelt sich um pflegeleichte Gräsermischungen mit einem Anteil von bis zu 20 % Wildstauden. Solche Kräuter- oder Blumenrasen entfalten Wiesenflair mit bunten Blütentupfern und werden oft von Bienen, Hummeln und Schmetterlingen besucht. Sie können drei- bis fünfmal im Jahr gemäht werden – nicht mit der Sense, sondern einfach mit dem Rasenmäher. Nachdem so ein Kräuterrasen gut eingewachsen ist, muss er höchstens in lange anhaltenden Trockenperioden gelegentlich bewässert werden. (may)

Schmetterlinge lieben Kräuter- bzw. Blumenrasen.

Oktober

Der Mond wirkt als kosmischer Spiegel für Tierkreiskräfte bei seiner Wanderung durch die Tierkreiszeichen:

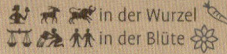 in der Wurzel
in der Blüte

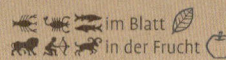 im Blatt
in der Frucht

30 Montag

°C

1 Dienstag

Pflanzzeit

S: 07:23 – 18:59
M: 05:45 – 18:39

°C

2 Mittwoch

● 20:49

S: 07:25 – 18:57
M: 06:54 – 18:48

■ Mond in Erdferne und am Knoten ist ungünstig für Saat und Pflanzung.

°C

3 Donnerstag

S: 07:26 – 18:54
M: 08:04 – 18:58

■ 20. Tölzer Herbstzauber • Bad Tölz 3.–6.10. • Infos siehe Seite 196

■ Tag der Deutschen Einheit

°C

4 Freitag

S: 07:28 – 18:52
M: 09:14 – 19:09

■ Futterhäuschen der Vögel für den Winter reinigen.

°C

5 Samstag

S: 07:30 – 18:50
M: 10:27 – 19:23

°C

6 Sonntag

S: 07:31 – 18:48
M: 11:42 – 19:41

■ Erntedankfest (örtlich verschieden)

°C

7 Montag

S: 07:33 – 18:46
M: 12:57 – 20:07

8 Dienstag

S: 07:35 – 18:43
M: 14:08 – 20:45

9 Mittwoch

■ St. Dionysius

S: 07:36 – 18:41
M: 15:10 – 21:38

10 Donnerstag

● 20:55

S: 07:38 – 18:39
M: 15:58 – 22:47

11 Freitag

S: 07:40 – 18:37
M: 16:33 – 24:00

12 Samstag

■ Samenstände von Blütenstauden und Sträuchern über Winter für die Vögel stehen lassen.

S: 07:41 – 18:35
M: 16:58 – 00:08

13 Sonntag

S: 07:43 – 18:32
M: 17:16 – 01:36

Der Mond wirkt als kosmischer Spiegel für Tierkreiskräfte bei seiner Wanderung durch die Tierkreiszeichen:

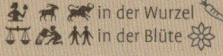 in der Wurzel 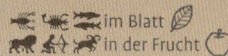 im Blatt
in der Blüte in der Frucht

14 Montag

S: 07:45 – 18:30
M: 17:32 – 03:06

15 Dienstag

■ Obstgehölze pflanzen.

S: 07:46 – 18:28
M: 17:45 – 04:36

■ Hl. Theresia

16 Mittwoch

■ Mond am Knoten ist ungünstig für Saat und Pflanzung.

■ Mit dem Fallen der Blätter beginnt die Hauptpflanzzeit für wurzelnackte Bäume und Sträucher.

S: 07:48 – 18:26
M: 17:58 – 06:06

■ St. Gallus

17 Donnerstag

■ Mond in Erdnähe ist ungünstig für Saat und Pflanzung.

○ 13:26

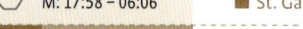
S: 07:50 – 18:24
M: 18:13 – 07:39

18 Freitag

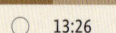
S: 07:51 – 18:22
M: 18:31 – 09:13

■ St. Lukas

19 Samstag

S: 07:53 – 18:20
M: 18:55 – 10:49

20 Sonntag

S: 07:55 – 18:18
M: 19:29 – 12:20

■ St. Wendelin

21 Montag

S: 07:57 – 18:16
M: 20:17 – 13:40

■ Rosen pflanzen.

22 Dienstag

S: 07:58 – 18:14
M: 21:21 – 14:41

23 Mittwoch

Pflanzzeit

S: 08:00 – 18:12
M: 22:35 – 15:23

■ St. Severin

24 Donnerstag

● 10:03

S: 08:02 – 18:10
M: 23:53 – 15:52

25 Freitag

S: 08:03 – 18:08
M: 00:00 – 16:12

■ Empfindliche Gemüse rechtzeitig vor dem Frost einlagern.
Grün- und Rosenkohl können im Beet verbleiben.

26 Samstag

S: 08:05 – 18:06
M: 01:10 – 16:26

■ Österreichischer Nationalfeiertag

27 Sonntag

S: 07:07 – 17:04
M: 02:24 – 15:38

■ Ende der Sommerzeit

Der Mond wirkt als kosmischer Spiegel für Tierkreiskräfte bei seiner Wanderung durch die Tierkreiszeichen:

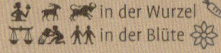 in der Wurzel 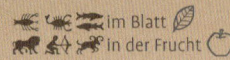 im Blatt
in der Blüte ❄ in der Frucht 🍎

44. Woche

Pflanzzeit

28 Montag

S: 07:09 – 17:02
M: 02:35 – 15:48

°C

29 Dienstag

■ Mond in Erdferne und am Knoten ist ungünstig für Saat und Pflanzung.

■ Wurzelgemüse wie Möhren, Rote Bete, Sellerie, Meerrettich, Pastinaken und Petersilienwurzeln in Mieten einlagern.

S: 07:10 – 17:00
M: 03:44 – 15:57

°C

30 Mittwoch

■ Kurz vor Neumond besser nicht säen oder pflanzen.
■ Gladiolenzwiebel und Dahlienknollen aus dem Boden holen und einwintern.

S: 07:12 – 16:58
M: 04:53 – 16:07

°C

31 Donnerstag

S: 07:14 – 16:57
M: 06:03 – 16:18

■ Reformationstag (Feiertag in BB, HB, HH, MV, NI, SN, ST, SH und TH)
■ St. Wolfgang

°C

1 Freitag

°C

2 Samstag

°C

3 Sonntag

°C

attraktive fruchtige Bereicherung

Quitte

Anders als Apfel & Co. sind Quitten Sträucher, die erst durch Veredlung auf Unterlagen und Schnitterziehung zu Bäumen werden. Das Holz mancher Sorten ist etwas frostempfindlich. Weil sich die Reife bis in den November hinein erstrecken kann, leiden auch die Früchte zuweilen unter Minustemperaturen. Doch durch die zunehmend milden Herbst- und Winterwochen sind Frostschäden seltener geworden.

Süß-säuerliche Gaumenfreuden

Die meisten Quittensorten sind selbstfruchtbar, tragen aber besser, wenn eine zweite Bestäubersorte in der Nähe wächst. Nach der Fruchtform unterscheidet man rundliche Apfelquitten, z. B. 'Konstantinopeler', und Birnenquitten, z. B. 'Vranja'. Die Apfelquitten haben meist ein hartes, von Steinzellen durchsetztes Fruchtfleisch, das erst nach dem Kochen genießbar wird. Aber auch das weichere Fruchtfleisch der Birnenquitten schmeckt erst nach Verarbeiten zu Marmelade, Gelee oder Saft.

Frische, rohe Leckereien

Der Aufwand für die Verarbeitung hielt bisher manche davon ab, die schönen Obstgehölze zu nutzen. Doch es gibt auch Apfelquitten mit feinem, zartem Fruchtfleisch, die frisch und roh munden, beispielsweise 'Cydopom' und 'Krymska'. Noch besser eignen sich die dünnschaligen Ananasquitten wie 'Zarea'. Vorsicht: Beim Rohverzehr sollte man die blausäurehaltigen Kerne nicht mitessen. (may)

Kurzporträt

Botanischer Name: *Cydonia oblonga*

Wuchs: Großstrauch oder kleiner Baum mit meist kurzem Stamm, 3–5 m hoch und breit

Blüte: schalenartig, fünfzählig, 4–5 cm groß, weiß bis rosa

Blütezeit: Mai bis Juni

Blatt: rundlich eiförmig, 5–10 cm lang, unterseits graufilzig behaart

Ansprüche: sonnig bis leicht beschattet, warm, geschützt; durchlässiger, humoser, frischer Boden; stadtklimaverträglich

Verwendung: als Obstgehölz mit sehr schöner Zierwirkung

Besonderheiten: apfel- oder birnenförmige Früchte, bei Reife ab Ende September goldgelb, angenehm duftend

Eichelhäher - Meister im Verstecken ihrer Vorräte

Im späten Herbst, wenn es reichlich Baumfrüchte gibt, ist es höchste Zeit, ordentlich Futtervorräte für den Winter anzulegen. So auch für den Eichelhäher. Die schmucken Vögel sind wahre Meister im Verstecken. Bis zu zehn Stunden am Tag sammeln sie jetzt Eicheln, Bucheckern, Nüsse und andere Sämereien. Sie vergraben ihre Beute im Boden und kaschieren die Vorratsstellen mit Moos und Laub oder auch Erde. Dabei passen sie extrem gut auf, dass sie nicht von Artgenossen beobachtet werden, die das Versteck nämlich sogleich plündern würden. Im Gegensatz zu den „vergesslichen" Eichhörnchen merken sich die schlauen Häher übrigens ihre Depots sehr genau und finden sie selbst unter Schnee wieder. (kie)

Ziergarten

➤➤ Schneiden Sie die Fruchtstände der Purpur-Fetthenne nicht vor dem nächsten Frühjahr zurück, denn diese sehen in der kalten Jahreszeit, wenn sie von Raureif überzogen oder von Schnee bedeckt sind, einfach wunderschön aus.

➤➤ Wenn Sie verhindern möchten, dass sich der Rote Scheinsonnenhut unkontrolliert ausbreitet, dann sollten Sie die abgeblühten Stängel im Herbst bodennah zurückschneiden.

➤➤ An noch belaubten Gehölzen lassen sich abgestorbene Äste und Zweige gut erkennen. Daher kann man diese nun noch gut zurückschneiden.

➤➤ Frostempfindliche Knollen und Zwiebeln wie Montbretien und Gladiolen sollten Sie langsam ausgraben und in einer Kiste mit Sand oder Erde kühl überwintern.

➤➤ Solange der Rasen noch wächst, sollten Sie ihn auch mähen, und zwar auf die übliche Länge. Entfernen Sie auch regelmäßig das Falllaub von der Fläche, das Sie anschließend gleich als Winterschutz für empfindliche Stauden und Zweijährige verwenden können.

➤➤ Das Federborstengras blüht etwa bis Oktober und bildet auch danach noch lange mit seinen hübschen Samenständen einen Blickfang. Sie sollten diese daher über Winter stehen lassen und erst im nächsten Frühjahr bodennah zurückschneiden.

Gemüsegarten

>> In diesem Monat können Sie gut Topinambur pflanzen, der winterhart ist und daher im nächsten Jahr verlässlich austreiben wird.

>> Da Knollensellerie besonders jetzt im Oktober noch kräftig zulegt, sollten Sie unbedingt auf eine gute Wasserversorgung achten. Das gilt umso mehr, wenn sich der Herbst bisher eher trocken gezeigt hat.

>> Im Oktober können Sie in leeren Gewächshäusern oder Frühbeetkästen noch gut Asia-Salate und Guter Heinrich aussäen. Gleiches gilt für die Kerbelrübe.

>> Möchten Sie Ihren Boden mal wieder auf den Gehalt an Nährstoffen untersuchen lassen, dann ist jetzt eine gute Zeit, um die Proben zu nehmen und einzuschicken.

>> Wer auch im Winter frischen Dill, Petersilie oder Kerbel verwenden möchte, der sollte diese Kräuter jetzt in größeren Töpfen aussäen und auf der Fensterbank anziehen.

>> Vielleicht haben Sie dieses Jahr einmal Lust, das Fermentieren von Gemüse auszuprobieren. Dafür eignen sich neben Kohlarten auch Möhren, Pastinaken, Rote Bete und Cocktailtomaten. Achten Sie in jedem Fall darauf, nur unbehandeltes Salz ohne zugesetztes Jod bzw. Fluorid zu verwenden. Falls Ihr Leitungswasser sehr kalkhaltig ist, sollten Sie auch besser zu einem stillen Mineralwasser greifen.

Weiße Wintersteckzwiebel

'Snowball' ist eine weiße Steckzwiebel, die im September/Oktober mit einem Anstand von 15 × 8 cm an einen sonnigen bis halbschattigen Standort gesteckt werden kann. Dabei eignet sie sich auch für Hochbeete. Die Zwiebeln weisen einen milden, süßen Geschmack auf und können sowohl frisch verzehrt als auch zum Kochen, Braten oder Rösten verwendet werden. Sie lassen sich von Mai bis August ernten und sollten danach kühl, luftig und trocken gelagert werden. (red)

Obstgarten

Ananasquitte

Quitten sind normalerweise nur verarbeitet genießbar. Das gilt anscheinend jedoch nicht für sogenannte Ananasquitten wie 'Zarea'. Erntet man bei dieser die goldgelben Früchte gerade nach der Umfärbung, dann weisen die Quitten eine überraschende Ananasähnlichkeit auf, was Saftigkeit, Textur und Geschmack angeht. Die Bäume wachsen mittelstark und bilden eine kugelige Krone aus. Sie benötigen einen vollsonnigen, offenen, gut abtrocknenden Standort mit mittelschwerem, humosem Boden. 'Zarea' ist selbstfruchtbar, setzt aber mehr Früchte an, wenn in der Nähe eine Befruchtersorte wächst. Die Früchte sind mittelgroß, rundlich und weisen unreif einen deutlichen Flaum auf, der zur Reife Anfang Oktober aber fast vollständig verschwindet. (red)

>> Nicht jede Birnensorte ist für den Hausgarten geeignet, die folgenden Sorten haben sich dort jedoch bewährt: 'Alexander Lucas', 'Clapps Liebling', 'Condo' (Säulenbirne), 'Dessertnaja', 'Frühe von Trévoux', 'Gute Luise', 'Harrow Sweet', 'Hortensia', 'Madame Verté', 'Uta' und 'Williams Christ' (etwas schorfempfindlich).

>> Äpfel, die übergroß sind, sollten Sie besser bald verzehren und nicht einlagern, da sie stärker zu Lagerkrankheiten neigen.

>> Sind die Fruchtschalen Ihrer Walnüsse schwarz verfärbt und werden weich und schleimig, dann sind sie vermutlich mit den Maden der Walnussfruchtfliege befallen. Damit sich diese nicht im Boden verpuppen können, sollten Sie befallene Nüsse sofort aufsammeln und über den Hausmüll entsorgen. Zusätzlich können Sie den Boden zur Zeit des Fruchtfalls auch mit einem engmaschigen Netz bedecken, damit die Maden nicht in der Erde verschwinden können.

>> In diesem Monat lassen sich Stachelbeeren gut pflanzen, die dann beim Anwachsen von der Winterfeuchtigkeit profitieren.

>> Herbsthimbeeren sollten nach der Ernte komplett bodennah zurückgeschnitten werden.

>> Sobald sich die Esskastanien aus der Schale lösen, sind sie reif.

Kürbisblech

Zutaten für 4-6 Personen:

Etwas Olivenöl, 1 kg gewürfelter Kürbis, z.B. Butternut, 500 g gewürfelte Kartoffeln, 500 g gewürfelte Möhren, 4 geviertelte Tomaten, 2 gewürfelte Zwiebeln, 2–3 gehackte Knoblauchzehen, Kräutersalz, Pfeffer, Thymian, Oregano, Rosmarin, 200 g gewürfelter Fetakäse

Dieses Rezept wurde entnommen aus „Heilkraft von Obst und Gemüse" von Ursel Bühring und Bernadette Bächle-Helde, erschienen im Verlag Eugen Ulmer, ISBN 978-3-8186-1371-6.

Ein Blech mit Öl bepinseln und das Gemüse darauf verteilen. Üppig würzen und mit Olivenöl beträufeln. Bei 200 °C Ober-/Unterhitze etwa 50 min backen, nach 30 min den Feta darüber verteilen. Als Dip passt Joghurt mit etwas Salz und Zitronensaft.

Vielseitige Kürbisse

Der Halloween-Trubel liegt nicht jedem. Doch er hat mit dazu beigetragen, dass der Kürbis zu einer beliebten Gartenpflanze wurde, mit unzähligen Sorten und Früchten in allen möglichen Formen und Größen – und nicht zuletzt mit schönen gelben Blüten.

Die in Mittel- und Südamerika beheimateten Kürbisse wurden schon vor Jahrtausenden von den Indios angebaut und zählen zu den ältesten Kulturpflanzen. In neuerer Zeit wurden in den USA und später auch in Japan zahlreiche Sorten mit leckerem, gesundem Fruchtfleisch gezüchtet.

Sortengruppen und Sommerkürbisse

Grundsätzlich unterscheidet man den Gartenkürbis (*Cucurbita pepo*), zu dem auch die Zucchini gehören, den Riesenkürbis (*C. maxima*) und den Moschuskürbis (*C. moschata*). Doch wesentlich wichtiger für die Praxis ist die Einteilung in Sortengruppen nach Erntetermin und Fruchtformen. Zierkürbisse, die nicht eigens für den Verzehr ausgewiesen sind, schmecken übrigens überaus bitter und können zu Vergiftungen führen!

Sommerkürbisse kann man schon ab Juli fortlaufend ernten und frisch genießen, oft mitsamt der weichen Schale. Dazu gehören die tellerförmigen Patissons („UFOs"), die ballförmigen Rondini, die keulenartigen Crooknecks, die länglichen Delicata-Kürbisse und die ovalen Spaghettikürbisse mit fasrigem Fruchtfleisch. Diese kann man auch erst im Herbst als ausgereifte Früchte ernten.

Kleine und große Winterkürbisse

Winterkürbisse erntet man spätestens im Oktober vor den ersten Frösten. Sie können, wenn nötig, drinnen nachreifen, und lassen sich bei 10–15 °C mehrere Wochen oder sogar Monate lagern. Hierzu zählen kleinere Kürbisse wie die beliebten rundlichen Hokkaidos und Buttercups, die birnenförmigen Butternuts, die eichelförmigen Acorns, die oft zwiebelförmigen Hubbards und die wulstigen Turbankürbisse.

Butternuts wachsen eher buschig.

Die bekanntesten Vertreter der großen Winterkürbisse sind die orangeroten Halloweenkürbisse, die sich gut zum Schnitzen verwenden lassen. Ähnlich präsentieren sich große flachrunde Speisekürbisse wie 'Gelber Zentner'. Dazu kommen die stark gerippten, aromatischen Moschus- oder Muskatkürbisse. Der grün-gelb gestreifte Steirische Ölkürbis schließlich liefert große, weichschalige, schmackhafte Samen, auch zum Herstellen von Kürbiskernöl.

Tipps zum Anbau

Die meisten Kürbisse gedeihen in Sonne und Halbschatten. Als Starkzehrer lieben sie einen humosen, nährstoffreichen Boden. Stark rankende Sorten belegen bis zu 7 m² Fläche. Eher buschig wachsende Kürbisse begnügen sich dagegen mit 80–100 cm Abstand, so z. B. Patissons, Rondini, Butternuts und Hokkaidos wie 'Golden Nugget'. Kleinfrüchtige Sorten lassen sich auch an stabilen Rankgittern oder Gerüsten hochziehen.

Bei großfrüchtigen Winterkürbissen ist es ratsam, die Ranken und den Haupttrieb zu stutzen, nachdem sie drei bis vier Früchte angelegt haben. Rankende Kürbisse können sehr schön den Komposthaufen mit ihren großen Blättern schattieren. Man sollte sie aber nicht auf den Kompost, sondern rund 50 cm daneben pflanzen, damit sie diesem keine Nährstoffe entziehen. (may)

Von der Rübe zum Kürbis

Das am Tag vor Allerheiligen gefeierte Halloween war ursprünglich ein irisches Herbstfest. Zu dieser alten Tradition gehörten ausgehöhlte Rüben, in die man Fratzen schnitt, um sie als Laternen zum Vertreiben böser Geister aufzustellen. Als viele Iren nach Amerika auswanderten, brachten sie diesen Brauch mit und entdeckten die Kürbisse als idealen Ersatz für die Rüben. In den USA wurde Halloween schon früh zum populären „Gruselfest", mit Gespenster- und Hexenkostümen und allerlei Schabernack.

November

Der Mond wirkt als kosmischer Spiegel für Tierkreiskräfte bei seiner Wanderung durch die Tierkreiszeichen:

 in der Wurzel 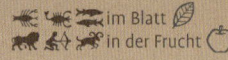 im Blatt

in der Blüte   in der Frucht

28 Montag

Pflanzzeit

29 Dienstag

30 Mittwoch

31 Donnerstag

1 Freitag

● 13:47

S: 07:16 – 16:55
M: 07:15 – 16:31

Pflanzzeit

■ Allerheiligen (Feiertag in BW, BY, NW, RP und SL)

2 Samstag

S: 07:17 – 16:53
M: 08:30 – 16:48

■ Allerseelen

3 Sonntag

S: 07:19 – 16:51
M: 09:45 – 17:11

45. Woche

4 Montag

S: 07:21 – 16:50
M: 10:58 – 17:45

5 Dienstag

S: 07:23 – 16:48
M: 12:03 – 18:33

6 Mittwoch

S: 07:24 – 16:46
M: 12:55 – 19:37

■ St. Leonhard

7 Donnerstag

■ Gartenbeete mit Grabgabel tiefgründig lockern.

S: 07:26 – 16:45
M: 13:34 – 20:53

8 Freitag

S: 07:28 – 16:43
M: 14:01 – 22:16

9 Samstag

◑ 06:55

S: 07:30 – 16:41
M: 14:21 – 23:42

10 Sonntag

S: 07:31 – 16:40
M: 14:37 – 24:00

Der Mond wirkt als kosmischer Spiegel für Tierkreiskräfte bei seiner Wanderung durch die Tierkreiszeichen:

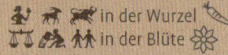 in der Wurzel
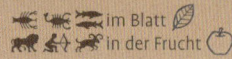 im Blatt
in der Blüte
in der Frucht

11 Montag

S: 07:33 – 16:38
M: 14:50 – 01:08

- Komposthaufen locker schichten, Urgesteinsmehl und Kompoststarter dazwischen streuen, mit Laub abdecken.

- St. Martin

12 Dienstag

S: 07:35 – 16:37
M: 15:03 – 02:35

- Mond am Knoten ist ungünstig für Saat und Pflanzung.

13 Mittwoch

S: 07:37 – 16:35
M: 15:16 – 04:04

- Restlos alle Fruchtmumien von den Bäumen holen.

14 Donnerstag

S: 07:38 – 16:34
M: 15:32 – 05:35

- Mond in Erdnähe ist ungünstig für Saat und Pflanzung.

15 Freitag

○ 22:28

S: 07:40 – 16:33
M: 15:53 – 07:09

- St. Leopold

16 Samstag

S: 07:42 – 16:31
M: 16:21 – 08:43

- Hl. Gertrud

17 Sonntag

S: 07:43 – 16:30
M: 17:03 – 10:11

- Volkstrauertag

NOVEMBER

18 Montag

S: 07:45 – 16:29
M: 18:02 – 11:24

19 Dienstag

Pflanzzeit

S: 07:47 – 16:28
M: 19:14 – 12:16

■ Hl. Elisabeth

20 Mittwoch

S: 07:48 – 16:27
M: 20:34 – 12:52

■ Buß- und Bettag (Feiertag in SN)

21 Donnerstag

S: 07:50 – 16:25
M: 21:53 – 13:15

22 Freitag

■ Teiche und Wasserläufe winterfest machen.

S: 07:52 – 16:24
M: 23:09 – 13:32

23 Samstag

◑ 02:28

S: 07:53 – 16:23
M: 00:00 – 13:45

24 Sonntag

S: 07:55 – 16:22
M: 00:22 – 13:56

■ Totensonntag

Der Mond wirkt als kosmischer Spiegel für Tierkreiskräfte bei seiner Wanderung durch die Tierkreiszeichen:

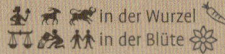 in der Wurzel 🥕
in der Blüte ❀
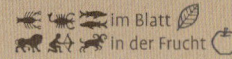 im Blatt 🍃
in der Frucht 🍎

Pflanzzeit

25 Montag
S: 07:56 – 16:21
M: 01:32 – 14:05

■ Mond am Knoten ist ungünstig für Saat und Pflanzung.

■ Hl. Katharina

26 Dienstag
S: 07:58 – 16:21
M: 02:41 – 14:15

■ Mond in Erdferne ist ungünstig für Saat und Pflanzung.

■ St. Konrad

27 Mittwoch
S: 07:59 – 16:20
M: 03:51 – 14:25

■ Adventskranz binden und schmücken.

28 Donnerstag
S: 08:01 – 16:19
M: 05:02 – 14:38

29 Freitag
S: 08:02 – 16:18
M: 06:16 – 14:53

■ Kurz vor Neumond besser nicht säen oder pflanzen.
■ Schnittlauch durchfrieren lassen, bevor er zum Antreiben ins Haus geholt wird.

30 Samstag
S: 08:04 – 16:18
M: 07:31 – 15:15

■ St. Andreas

1 Sonntag

Blattschmuck bis ins Spätjahr →

Purpur-glöckchen

Die namengebenden Blütenglöckchen dieser Pflanzen erheben sich im Sommer in filigranen Rispen über den kissenartigen Horsten. Besonders blühstark ist z. B. die Sorte 'Leuchtkäfer' mit tiefroten Glöckchen. Doch ihre große Beliebtheit verdankt die Staude vor allem den vielen Sorten mit aparter Blattfärbung.

Bezauberndes Farbenspiel

Von zarten Bronzetönen über Grün mit silbriger Zeichnung bis hin zu dunklem Rot und Violett: Das Spektrum der Blattfarben lässt kaum Wünsche offen. Durch Kombinieren verschiedener Sorten lassen sich halbschattige Plätze mit bunten Mustern schmücken. Viele Sorten werden als *Heuchera*-Hybriden angeboten, so etwa 'Cappuccino' mit purpurbraunen Blättern und die silbrige 'Silver Scrolls' mit dunkelroten Adern. Man findet dieselben Sorten teils auch mit Artnamen wie *Heuchera micrantha* und *H. villosa*.

Behutsame Pflege

Der Standort sollte vor praller Sonne geschützt, aber nicht allzu schattig sein. Purpurglöckchen pflanzt man am besten recht tief, weil sich der Wurzelballen mit der Zeit nach oben schiebt. Sie sollten stets leicht feucht gehalten werden. Schneiden Sie die Blütenstiele gleich nach dem Verblühen unten weg. In frostigen Wintern empfiehlt sich eine Abdeckung mit Fichtenreisig. Ein leichter Rückschnitt vor dem Austrieb fördert buschigen, kompakten Wuchs. (may)

Kurzporträt

Botanischer Name: *Heuchera*-Hybriden und -Arten
Wuchs: Staude mit kissenartigen Horsten, 30–70 cm hoch
Blüte: Glöckchen in lang gestielten Rispen, rosa, rot oder weiß
Blütezeit: Mai bis Juli
Blatt: herz- bis nierenförmig, gelappt, in grundständiger Rosette, in grünen, bronzefarbenen, rötlichen und violetten Farbtönen; wintergrün
Ansprüche: halbschattig, absonnig, sonnig; durchlässiger, humoser, frischer bis feuchter Boden
Verwendung: in kleinen Gruppen in Beeten und Rabatten, am Gehölzrand, in Pflanzgefäßen
Besonderheiten: außerordentlich schöne Blattfärbung

Maronenröhrling – auch Blaupilz genannt

Um ihren Stoffwechsel aufrechtzuerhalten und Fruchtkörper auszubilden, brauchen Pilze genügend Feuchtigkeit. Daher ist ein feuchter Herbst ideal für Pilze. Bis Ende November kann man auf Spaziergängen unter Fichten und Kiefern den Maronenröhrling – ein guter Speisepilz – finden. Seine Hutfarbe erinnert an die essbare Kastanie (Marone) und gab ihm seinen Namen.

Bei jungen Pilzen ist der samtige Hut halbkugelig, bei älteren ein eher unregelmäßig geformtes Polster, mit einem Durchmesser von 5-15 cm. Der Stiel ist ebenfalls braun, aber heller als der Hut. Charakteristisch sind die anfangs weißlichen und später olivgelblichen Röhren, die unter Druck sofort ausblauen. Auch der Stiel blaut schwach aus. (kie)

Ziergarten

>> Es geht auf den Winter zu. Daher sollten Sie nicht mehr allzu lange damit warten, den Garten winterfest zu machen. Stellen Sie also draußen langsam das Wasser ab, und entleeren Sie alle Wasserbehälter, Leitungen und Schläuche. Nicht winterfeste Gefäße gehören nun nach drinnen, und auch die letzten, robusten Kübelpflanzen sollten in ihr Winterquartier umziehen.

>> Damit das Pampasgras gut durch den Winter kommt, sollten Sie den gesamten Horst mit einer Schnur zusammenbinden. Es hat sich darüber hinaus bewährt, die Basis mit einer Lage trockenem Laub zu schützen, das mit einer Schicht Fichtenreisig abgedeckt wird.

>> In diesem Monat lassen sich noch gut wurzelnackte Rosen und zahlreiche andere Gehölze pflanzen, solange Boden und Witterung dies zulassen. Es kann jedoch nicht schaden, diesen Pflanzungen dann gleich einen guten Winterschutz zu gönnen.

>> Sie wohnen in einer wintermilden Gegend und haben die Dahlienknollen bisher noch im Boden gelassen? Das ist in Ordnung, allerdings sollten Sie sie dann Anfang November wirklich ausgraben, säubern, abtrocknen und in einer mit Sand gefüllten Kiste frostfrei überwintern.

Gemüsegarten

>> Gab es schon den ersten Frost, der die frostempfindlichen Gründüngungspflanzen getroffen hat, dann lassen Sie diese einfach bis Februar/März stehen und arbeiten sie erst dann im Zuge der Bodenbearbeitung ein. Alternativ können Sie sie dann auch auf den Kompost geben.

>> Ernten Sie Rote Bete, die Sie einlagern möchten, sehr vorsichtig. Am besten lassen Sie die Herzblätter stehen und drehen die anderen nur vorsichtig ab, damit die Knollen nicht ausbluten.

>> Vielleicht ist Sprossenblumenkohl, der gerne in der asiatischen Küche verwendet wird, ja eine Idee für das nächste Jahr. 'Blumini' beispielsweise ist eine F$_1$-Hybride, die man von März bis Mai bei 16–20 °C aussäen kann. Die Jungpflanzen werden dann nach den letzten Frösten mit einem Abstand von 40 × 40 cm an einen vollsonnigen Platz ins Freiland gepflanzt. Im Gegensatz zum Blumenkohl werden beim Sprossenblumenkohl die langen Sprossen geerntet, und zwar einzeln mit Stiel noch vor der Blüte. Diese werden angedünstet verwendet und schmecken nussig-süß. Da 'Blumini' eine kurze Entwicklungszeit hat, können Sie die Sprossen schon ab August bis in den November hinein ernten.

Blütenbasilikum

'Floral Spires Lavendelblau' ist ein dekoratives Basilikum, das sich von Juli bis zu den ersten Frösten mit intensiv duftenden, lavendelfarbenen Blütenrispen schmückt, die bei Insekten überaus beliebt sind. Sie können es im Warmen vorziehen oder im Mai/Juni direkt aussäen. Bei einer Vorkultur werden die Pflanzen nach den Frösten an einen sonnigen, warmen Platz ohne Staunässe gesetzt. Neben den Blättern lassen sich auch die Blütenrispen in der Küche verwenden. Sie eignen sich zum Würzen, aber auch zum Dekorieren von Salaten, Suppen, Pastagerichten usw. Und wenn Sie die Pflanzen dann noch im Herbst ins Haus holen und dort auf eine helle Fensterbank stellen, dann können Sie sie sogar noch im Winter beernten. (red)

Obstgarten

Doldige Ölweide

Die Doldige Ölweide (*Elaeagnus umbellata*), die auch als Korallen-Ölweide angeboten wird, ist ein Gehölz, das in Zukunft immer interessanter werden dürfte. Denn es ist hitze- und trockenheitsliebend, stadtklimaresistent, industriefest, windfest, salzverträglich, gut schnittverträglich und wurzelt tief. Darüber hinaus können die Pflanzen mithilfe von Knöllchenbakterien Luftstickstoff binden und schmücken sich mit roten oder gelben Früchten, die sich frisch oder verarbeitet verwenden lassen. Für den Obstgarten geeignet sind beispielsweise Sorten wie 'Amber' und 'Fortunella' (siehe oben) mit gelben, großen, süßen Früchten oder 'Garnet', 'Sweet'n Tart' und 'Serinus' mit roten, süß-säuerlichen, schmackhaften Früchten. Je nach Sorte können die Früchte zwischen September und November geerntet werden. Dafür darf man jedoch eine jeweils passende Befruchtersorte nicht vergessen. (red)

>> Möchten Sie einen neuen Obstgarten anlegen oder Ihren vorhandenen umgestalten, dann ist jetzt eine gute Zeit dafür, denn nun bekommt man viele verschiedene Arten und Sorten. Generell lassen sich Containerpflanzen zwar das ganze Jahr hindurch pflanzen, Frostfreiheit vorausgesetzt, aber die Auswahl ist dann oft kleiner als jetzt im November/Dezember. Gehölze, die nun in den Boden kommen, haben außerdem über Winter genügend Zeit, Wurzeln zu bilden, weshalb sie im kommenden Jahr in Trockenphasen nicht so schnell leiden wie im späten Frühjahr gepflanzte Gewächse.

>> Denken Sie daran, Ihre Bäume in diesem Monat mit einem Weißanstrich zu versehen oder sie alternativ mit Bastmatten, Jute etc. gegen Frostrisse zu schützen.

>> Von Johannisbeeren können Sie im November Steckhölzer für die Vermehrung schneiden. Wählen Sie dafür einjährige, etwa bleistiftdicke, gut ausgereifte Triebe aus.

>> Nach stärkeren Winden oder Stürmen lohnt es sich, die Obstgehölze zu kontrollieren. Sind Äste an- oder abgebrochen, dann sollten Sie die entstandenen Wunden zügig versorgen.

>> Fruchtmumien sollten regelmäßig entfernt und über den Hausmüll entsorgt werden.

Quitten–Magenschmeichler

Zutaten für 1 Glas à 500 ml:
1–2 Quitten, 200–300 g Akazienblütenhonig

Dieses Rezept wurde entnommen aus „Heilkraft von Obst und Gemüse" von Ursel Bühring und Bernadette Bächle-Helde, erschienen im Verlag Eugen Ulmer, ISBN 978-3-8186-1371-6.

Quitten schälen und in längliche Stifte schneiden. Die Stücke dann in einem Schraubglas mit Honig verrühren und ziehen lassen. Je länger die Quitte im Honig zieht, umso geschmackvoller werden Quitte und Honig.
Sie können die honiggetränkten Quittenstifte pur oder als Gemüsezutat genießen und den abgefilterten Honig für Tee oder zum geschmackvollen Süßen verwenden. Sie schmecken aber auch auf Brot und lindern Magen- und Darmprobleme.

GEMÜSE AUS DEM HOCHBEET

Wer hätte das gedacht – ein Hochbeet kann sogar im Winter zum Anbau von Essbarem genutzt werden! Traditionelles „Wintergemüse" wie Rosenkohl, clever geplante Salatkulturen und an das Hochbeet angepasste Beetabdeckungen machen es möglich.

Dieses Gemüse liebt Winterkälte

Für eine Ernte vom Hochbeet in der kalten Jahreszeit kommen verschiedene Kohlarten wie Grünkohl, Rosenkohl, Wirsing und auch besonders frostharte und schnellwachsende Spinatsorten infrage. Grün- und Rosenkohl entwickeln sogar erst mit einsetzendem Frost ihren typischen Geschmack und können bis weit in den Winter hinein geerntet werden. Da die Kohlarten von der Aussaat bis zur Ernte lange brauchen, muss schon im zeitigen Frühjahr mit dem Anbau begonnen werden. Schneller gelingt die Kultur von winterlichem Spinat, der zwischen Mitte September und Mitte Oktober gesät wird. Damit der Boden nicht friert und das Wintergemüse bequem geerntet werden kann, sollten Sie das Beet mit Vlies oder einer Stroh- bzw. Laubschicht abdecken.

Salat, der dem Winter trotzt

Kaum jemand denkt im Winter an Salat aus dem Garten – doch mit einem Hochbeet ist das kein Problem! Es gibt robuste Blattgewächse, die schon früh im Jahr erntefrischen Salatgenuss und eine Portion gesunder Vitamine aus eigenem Anbau liefern. So startet im September/Oktober gesäter und bereits gekeimter Feldsalat sein Wachstum,

Das geniale Hochbeetbuch

Wer sich für ein Hochbeet interessiert, findet in diesem Buch all das, was man zu Aufbau, Anbau und Ernte wissen sollte. Darüber hinaus lädt es mit vier Bauanleitungen und 14 Anbauplänen direkt zum Nachbauen und -pflanzen ein .

„Das geniale Hochbeetbuch" von Renate Hudak und Harald Harazim, erschienen im Verlag Eugen Ulmer, ISBN 978-3-8186-1622-9

sobald der Frost etwas nachlässt, und ist von Dezember bis Januar/Februar erntereif. Winterportulak (Postelein), eine unglaublich widerstandsfähige und frostresistente Salatpflanze, kann von Mitte September bis Ende Februar gesät werden; die ideale Temperatur für die Keimung liegt unter 12 °C. Für das weitere Wachstum sind 4–8 °C ausreichend, und nach etwa sieben bis acht Wochen kann geerntet werden. Auch verschiedene Asia-Salate, September/Anfang Oktober ins Hochbeet gesät, versprechen von November bis in den Januar/Februar hinein reiche Ernte.

Abdeckungen für das Hochbeet

Damit der winterliche Anbau auf dem Hochbeet noch besser gelingt und Salat und Gemüse bequem geerntet werden können, ist eine lichtdurchlässige Abdeckung des Beets empfehlenswert. Von einfachen, selbst gebauten Lösungen bis zu passgenauen, vorgefertigten Überdachungen aus dem Fachhandel ist vieles möglich. Eine simple Variante ist eine lichtdurchlässige, stabile Kunststofffolie, aufs Beet aufgelegt und an den Rändern beschwert. Sie lässt sich mittels Drahtbügeln zu einem einfachen Folientunnel umfunktionieren – dann passt auch höher wachsendes Gemüse darunter und Regenwasser kann abfließen. Auch eine Abdeckung aus Stegdoppelplatten ist leicht und lichtdurchlässig und daher geeignet. Eine robuste und besonders zweckmäßige Hochbeetabdeckung entsteht aus im Fachhandel erhältlichen und etwas umgebauten Tomatendächern mit Alurahmen und gewölbten Stegdoppelplatten. Wichtig bei allen Varianten: Lüften nicht vergessen! (hud)

Artenauswahl

Kohlarten zählen zu den Starkzehrern; sie sind ideal für ein Hochbeet im ersten (und zweiten) Jahr nach seiner Anlage. Auf einem älteren Beet: Düngen nicht vergessen! Spinat und die verschiedenen Salate sind Schwachzehrer; sie passen auf ein Hochbeet im dritten oder vierten Jahr nach seiner Anlage. Oder Sie magern den Boden auf einem neuen Beet mit Sand ab; zudem werden bei niedrigen Temperaturen auch weniger Nährstoffe freigesetzt. Spinatsorten wie 'Matador' oder 'Redbor' sind empfehlenswert.

So ein Tomatendach lässt sich gut zu einer Hochbeetabdeckung umfunktionieren.

Gerade verschiedene Salate lassen sich gut für eine Winterernte auf einem Hochbeet anbauen.

Dezember

Der Mond wirkt als kosmischer Spiegel für Tierkreiskräfte bei seiner Wanderung durch die Tierkreiszeichen:

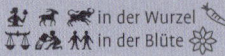 in der Wurzel

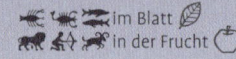 im Blatt

in der Blüte

in der Frucht

25 Montag

26 Dienstag

27 Mittwoch

28 Donnerstag

29 Freitag

30 Samstag

1 Sonntag

● 07:21

S: 08:05 – 16:17
M: 08:46 – 15:46

Pflanzzeit

■ 1. Advent

°C

Pflanzzeit

2 Montag

S: 08:06 – 16:16
M: 09:55 – 16:29

3 Dienstag

S: 08:08 – 16:16
M: 10:52 – 17:29

4 Mittwoch

■ Kirschzweige ins Wasser stellen.

S: 08:09 – 16:15
M: 11:35 – 18:43

■ Hl. Barbara

5 Donnerstag

■ Gartenwerkzeuge reparieren und reinigen.

S: 08:10 – 16:15
M: 12:05 – 20:05

6 Freitag

S: 08:11 – 16:15
M: 12:26 – 21:29

■ St. Nikolaus

7 Samstag

■ Keime, Sprossen, Kresse und Kräuter jetzt im Warmen ziehen.

S: 08:13 – 16:14
M: 12:43 – 22:54

8 Sonntag

● 16:27

S: 08:14 – 16:14
M: 12:57 – 24:00

■ Mariä Empfängnis (A, teilweise CH)
■ 2. Advent

Der Mond wirkt als kosmischer Spiegel für Tierkreiskräfte bei seiner Wanderung durch die Tierkreiszeichen:

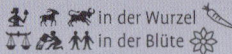 in der Wurzel 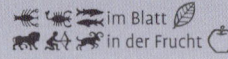 im Blatt
in der Blüte · in der Frucht

9 Montag

S: 08:15 – 16:14
M: 13:09 – 00:17

■ Mond am Knoten ist ungünstig für Saat und Pflanzung.

10 Dienstag

S: 08:16 – 16:14
M: 13:22 – 01:42

■ Chicorée- und Löwenzahnwurzeln antreiben.

11 Mittwoch

S: 08:17 – 16:14
M: 13:36 – 03:08

12 Donnerstag

S: 08:18 – 16:14
M: 13:53 – 04:38

■ Mond in Erdnähe ist ungünstig für Saat und Pflanzung.

13 Freitag

S: 08:19 – 16:14
M: 14:17 – 06:10

■ Hl. Lucia

14 Samstag

S: 08:20 – 16:14
M: 14:52 – 07:40

15 Sonntag

○ 10:02

S: 08:21 – 16:14
M: 15:42 – 09:00

■ 3. Advent

DEZEMBER

51. Woche

16 Montag
S: 08:21 – 16:14
M: 16:49 – 10:03

Pflanzzeit

°C

17 Dienstag
S: 08:22 – 16:14
M: 18:08 – 10:46

- Lagerräume und Winterquartiere der Kübelpflanzen bei milder Witterung regelmäßig lüften.
- St. Lazarus

°C

18 Mittwoch
S: 08:23 – 16:15
M: 19:30 – 11:15

°C

19 Donnerstag
S: 08:23 – 16:15
M: 20:49 – 11:35

- Eingelagertes Obst und Gemüse regelmäßig auf Schadbefall kontrollieren und Schadhaftes aussortieren.

°C

20 Freitag
S: 08:24 – 16:16
M: 22:05 – 11:50

°C

21 Samstag
S: 08:24 – 16:16
M: 23:17 – 12:02

- Winteranfang
- Hl. Thomas

°C

22 Sonntag
23:18
S: 08:25 – 16:17
M: 00:00 – 12:12

- 4. Advent

°C

Der Mond wirkt als kosmischer Spiegel für Tierkreiskräfte bei seiner Wanderung durch die Tierkreiszeichen:

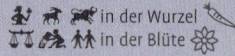 in der Wurzel
in der Blüte

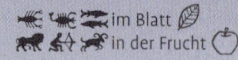 im Blatt
in der Frucht

Pflanzzeit

23 Montag

♎
S: 08:25 – 16:17
M: 00:27 – 12:22

■ Mond am Knoten ist ungünstig für Saat und Pflanzung.

☀ ☁ ☂ ☔ ❄ °C

24 Dienstag

♎
S: 08:26 – 16:18
M: 01:36 – 12:32

Fröhliche Weihnachten!

■ Mond in Erdferne ist ungünstig für Saat und Pflanzung.

■ Heiligabend

☀ ☁ ☂ ☔ ❄ °C

25 Mittwoch

♎
S: 08:26 – 16:19
M: 02:46 – 12:43

■ 1. Weihnachtstag

☀ ☁ ☂ ☔ ❄ °C

26 Donnerstag

♏
S: 08:26 – 16:19
M: 03:59 – 12:58

■ 2. Weihnachtstag
■ Hl. Stefan

☀ ☁ ☂ ☔ ❄ °C

27 Freitag

♏
S: 08:27 – 16:20
M: 05:14 – 13:17

☀ ☁ ☂ ☔ ❄ °C

28 Samstag

♐
S: 08:27 – 16:21
M: 06:29 – 13:44

■ Kurz vor Neumond besser nicht säen oder pflanzen.

☀ ☁ ☂ ☔ ❄ °C

29 Sonntag

♐
S: 08:27 – 16:22
M: 07:42 – 14:22

☀ ☁ ☂ ☔ ❄ °C

Pflanzzeit

30 Montag

● 23:27

S: 08:27 – 16:23
M: 08:44 – 15:17

31 Dienstag

Viel Glück und Freude im neuen Jahr!

S: 08:27 – 16:24
M: 09:32 – 16:28

■ St. Silvester

1 Mittwoch

2 Donnerstag

3 Freitag

4 Samstag

5 Sonntag

verträglicher Bodendecker

Gewöhnliche Haselwurz

Laub-, Mischwälder und Gebüsche sind die natürlichen Standorte dieses in Europa heimischen, kriechend wachsenden Bodendeckers. Wegen seiner besonderen Vorliebe für Plätze am Fuß von Haselnusssträuchern wurde er als Haselwurz bekannt. Seine recht hübschen Blüten fallen kaum auf, weil sie meist unter den Blättern versteckt bleiben.

Gefälliger Anblick

Bodendecker unter Gehölzen sind keine „spektakulären" Schönheiten. Aber wenn man sich die Haselwurz einmal in den Garten geholt hat, erfreut man sich immer wieder am Anblick der hübsch geformten, glänzend grünen, teils rötlich überhauchten Laubdecke. Weil die Haselwurz ihre Nachbarn kaum überwuchert, kann man sie gut mit anderen schattenliebenden Pflanzen kombinieren, z. B. mit Farnen, Waldmeister, Leberblümchen und Schnee-Marbel.

Gemächliche Ausbreitung

Zur Flächenbegrünung werden 12 bis 16 Pflanzen pro Quadratmeter empfohlen. Sie können die Haselwurz aber auch etwas dichter setzen, weil sie sich in den ersten Jahren nur sehr langsam ausbreitet. Wird sie danach zu aufdringlich, lässt sie sich einfach zurückschneiden oder an den Rändern abstechen. Die Haselwurz ist sehr robust und verträgt auch zeitweilige Trockenheit. Ihr kann höchstens ein Ungemach drohen: ein starker Schneckenbefall, der sich im Frühjahr über den zarten Austrieb hermacht. (may)

Kurzporträt

Botanischer Name: *Asarum europaeum*
Wuchs: teppichbildende Staude, 10–15 cm hoch, bis 25 cm breit
Blüte: glockenförmig, rotbraun, mit pfefferähnlichem Geruch
Blütezeit: März bis April
Blatt: nieren- bis herzförmig, 5–8 cm breit, oberseits glänzend dunkelgrün, unterseits behaart; pfefferähnlicher Geruch; immergrün
Ansprüche: halbschattig, schattig, auch absonnig; humoser, frischer Boden, kalkliebend
Verwendung: in Gruppen als Bodendecker unter Gehölzen, am Gehölzrand, zur Begrünung beschatteter Flächen
Besonderheiten: in allen Teilen giftig!

Warum feuchte Kälte gefühlt kälter ist als trockene

Wenn es draußen klamm und feucht ist, dann krabbelt einem die Kälte ganz besonders unbehaglich in die Glieder. Einen trockenen Wintertag empfinden die meisten hingegen als deutlich angenehmer. Der Grund hierfür ist die Wärmeleitfähigkeit der Luft. Je höher die Luftfeuchtigkeit, desto besser kann sie Wärme transportieren. Dabei fließt die Wärme immer in Richtung der kälteren Temperatur. Für uns bedeutet das, dass die 37 °C Körperwärme in Richtung zur beispielsweise 5 °C kalten Luft fließt - so lange, bis ein Gleichgewicht entstanden ist. Unser Körper kühlt daher an einem kalten Wintertag bei beispielsweise 80 % Luftfeuchtigkeit viel schneller aus als an einem gleich kalten Tag mit 30 % Luftfeuchtigkeit.

Ziergarten

>> Blütensträucher wie Weigelien und Forsythien können im Dezember durch Steckhölzer vermehrt werden. Schneiden Sie dafür passende diesjährige Triebe, die Sie in etwa bleistiftlange Stücke mit je einer Knospe oder einem Knospenpaar am oberen und unteren Ende zerteilen. Diese können anschließend bis zur Pflanzung im zeitigen Frühjahr an einem geschützten Platz in lockerer Erde eingeschlagen gelagert werden.

>> Bei Kübelpflanzen, die mit einem Winterschutz im Freien überwintern, sollte dieser regelmäßig kontrolliert werden. Das ist besonders in Phasen mit extremer Witterung wichtig.

>> Immergrüne Gehölze benötigen in frostfreien Perioden immer mal wieder eine Wassergabe.

>> Gartengeräte, die Sie in der nächsten Zeit nicht benötigen, können jetzt gereinigt und gewartet werden. Möglicherweise sollte die Gerätesammlung auch mal wieder sortiert oder aufgeräumt werden, falls Sie das nicht sowieso immer gleich nach dem Benutzen machen.

>> Betreten Sie Ihren Rasen bei Frost, Raureif oder Schnee besser nicht, da es sonst zu unschönen braunen Stellen kommen kann.

>> Fällt bei Ihnen erfahrungsgemäß häufig bzw. viel Schnee, dann lohnt es sich, Schneebruch vorzubeugen. Binden Sie dazu die Äste empfindlicher Sträucher mit einem lockeren Band zusammen, sodass der Schnee schneller herunterrutschen kann.

Gemüsegarten

>> Haben Sie in diesem Monat Zeit und Lust, dann können Sie gut ein neues Hochbeet anlegen. Dabei ist es egal, ob Sie einen Bausatz aus dem Fachhandel verwenden oder einen Eigenbau erstellen. Wichtig ist in jedem Fall, ganz unten eine Lage Maschendraht auszubringen, damit Ihnen später keine Wühlmäuse die Ernte streitig machen.

>> Wer jetzt noch seine Gemüsebeete bearbeiten möchte, sollte darauf achten, dabei keinen Schnee einzugraben. Anderenfalls könnte es sein, dass sich der Boden im nächsten Frühjahr eher zögerlich erwärmt.

>> Um auch im Winter frisches Grün in der Küche zu haben, können Sie nun regelmäßig verschiedene Keimsprossen anziehen. Probiere Sie dabei doch auch einmal Arten wie Pak Choi, Sonnenblumen, Buchweizen, Inkarnatklee oder Weizengras aus.

>> Sind Ihre Frühbeetkästen noch belegt, dann denken Sie daran, diese bei frostfreiem Wetter ausgiebig zu lüften.

>> Rettich können Sie bis zu den ersten stärkeren Frösten im Boden ausreifen lassen. Dann aber sollten Sie ihn komplett ernten, entblättern und einlagern, sofern die Rüben unbeschädigt und gesund sind. Schichten Sie sie dafür im Keller so in feuchten Sand ein, dass sich die einzelnen Rüben nicht berühren.

Krähenfuss-Wegerich

Die Blätter des mehrjährigen, frostharten *Plantago coronopus*, der auch Hirschhorn-Wegerich genannt wird, schmecken angenehm säuerlich mit schwach salziger Note und eignen sich so gut als Zutat zu verschiedenen Salaten. Die Pflanze entwickelt sich am Anfang etwas zögerlich, kann dann aber später mehrfach im Jahr beerntet werden. Am besten bringt man die Samen ab Februar geschützt aus und setzt die Jungpflanzen dann ab Mitte Mai mit einem Abstand von 30 × 10 cm ins Freiland. Möchten Sie nicht, dass sich Ihre Pflanzen versamen, dann sollten Sie die ab Juni erscheinenden Blütenstände regelmäßig abschneiden. (red)

Obstgarten

Aroma wie ein Gewürztraminer

Die Apfelfrühsorte 'Tramin' stammt aus dem gleichnamigen Dorf in Südtirol und gilt als sehr gesund, wenig anfällig für Mehltau und schorftolerant. Sie bildet aromatische, würzige, süße Äpfel, die aber gleichzeitig mit einer edlen Säure punkten. Darüber hinaus sind sie sehr knackig und saftig und weisen einen guten Biss auf. Die kugeligen bis platten, gelben Früchte mit ihrer hellrot gestreiften Backe reifen ab der ersten Augustwoche und halten im Kühllager bis Weihnachten. Die Bäume wachsen mittel bis schwach, verzweigen sich gut und eignen sich für die Erziehung als Spindel. Sie kommen früh in den Ertrag und fruchten regelmäßig sowie gut. (red)

>> Beerenhochstämmchen sollten frühzeitig mit einem passenden Frostschutz versehen werden. Plastikhauben sind dafür jedoch nicht geeignet. Greifen Sie besser zu einem leichten Vlies oder Jutegewebe. Den Stamm kann man auch gut mit Stroh schützen.

>> Zeigt sich der Winter recht mild, dann übersteht der Erreger des Apfelmehltaus diesen leider meist recht gut. In so einem Fall sollte man am besten noch vor dem Austrieb alle Triebspitzen mit befallenen Endknospen abschneiden und über den Hausmüll entsorgen. Nach dem Austrieb sollten Sie dann am Ball bleiben und die Knospen und Triebspitzen etwa bis Ende Juli fortlaufend kontrollieren und alle bemehlten Pflanzenteile umgehend entfernen.

>> Nutzen Sie frostfreie Tage, um eventuell aufgetretene Wildtriebe an Ihren Obstgehölzen zu entfernen. Dazu wird der Wurzelhals vorsichtig freigelegt, sodass man dann den Wildtrieb direkt an der Entstehungsstelle abschneiden kann.

>> Wer Zeit und Lust hat, der kann bei Bedarf und Temperaturen über −5 °C zur Schere greifen und die Obstbäume schneiden.

>> Haben Sie Leimringe gegen Frostspanner ausgebracht, dann kontrollieren Sie diese regelmäßig.

Grünkohl-Smoothie

Zutaten für 2 Personen:
4 frische junge Grünkohlblätter, je 2 getrocknete Datteln und Feigen, 1 kleine Banane, 1 Apfel, 1 Birne, 1 EL Mandelmus, 500 ml Wasser

Dieses Rezept wurde entnommen aus „Heilkraft von Obst und Gemüse" von Ursel Bühring und Bernadette Bächle-Helde, erschienen im Verlag Eugen Ulmer, ISBN 978-3-8186-1371-6.

Grünkohlblätter, Datteln, Feigen, Banane, Apfel, Birne und das Mandelmus in einen Mixer geben und zusammen mit ungefähr 500 ml Wasser pürieren, in zwei Gläser geben und frisch genießen.

Dieser Smoothie strotzt vor vitaler Lebenskraft dank dem Chlorophyll der grünen Blätter, den enthaltenen Glucosinolaten, Vitaminen, Ballast- und Mineralstoffen. Und versprochen: Er schmeckt!

Wunderwelt
EFEU

Den immergrünen, wuchskräftigen Efeu kennt eigentlich jeder. Aber wussten Sie auch, dass eine erwachsene Efeupflanze wie ein ganzer Kosmos für Vögel, Insekten und viele andere Tiere und damit sehr wertvoll ist?

Vor allem im Winter, wenn hierzulande alles kahl ist, fällt das dunkle Blattwerk ins Auge, egal ob als Gestaltungselement im Garten, ob Efeu malerisch ein altes Grab umrankt oder ob er in seinem natürlichen Lebensraum, dem Laubmischwald, an Bäumen hochwächst. Als Selbstklimmer ist Efeu dafür geschaffen, mit seinen Haftwurzeln Rinde und Felsen hinaufzukommen, wobei er nicht schmarotzt, also auch keine Bäume erwürgt, sondern sie lediglich als Kletterhilfe nutzt. Gesunde Bäume nehmen durch Efeu also keinen Schaden, auch wenn das immer noch nicht alle glauben

Efeumythen gibt es viele

Auch sonst kommt Efeu ohne Rankhilfe fast überall hoch, selbst glatte Mauern. Nur zu heiß und zu hell mag er es nicht. Efeu fühlt sich aber auch als Bodendecker wohl. Es stimmt übrigens nicht, dass Efeu selten oder nie blüht. Er braucht dazu einfach ein gewisses Alter – ungefähr zehn Jahre muss die Pflanze alt sein. Dann beginnt sie, zusätzlich zu den typischen drei- oder fünffach gelappten Blättern größere eiförmige Blätter zu entwickeln. Und dann bildet sie irgendwann Blüten, falls sie im Sommer nicht geschnitten wurde. Das ist wichtig, da

Hedera helix 'Aborescens'

Für alle, denen es zu lange dauert, bis ein Efeu blüht, oder die wenig Platz im Garten haben, ist *Hedera helix* 'Aborescens' eine gute Alternative. Dieser Strauch-Efeu ist eine Altersform des normalen Efeus, die nicht mehr klettert und nur rund 2 m hoch und breit wird. Dafür blüht sie reichlich, und das auch in einem Topf auf dem Balkon.

Blüten und Früchte bildet Efeu normalerweise erst nach etlichen Jahren.

Efeu erst im Herbst blüht, ab Ende September bis weit in den November hinein.

Efeu blüht im Herbst

Fürs menschliche Auge sind die Blüten eher unspektakulär. Für alle Insekten, die zu dieser Jahreszeit noch unterwegs sind, sind sie jedoch der Hit. Pfauenaugen und Admirale tanken hier Nektar, Wespen, Hummeln und Schwebfliegen futtern Blütenpollen. Spinnen bauen ihre Netze und lauern auf fette Herbstbeute, Marienkäfer krabbeln auf den Blättern, fressen Algen, Pilzbeläge und auch kleine Milben, Schnecken und Wanzen tun es ihnen gleich. Im Winter dann werden die Beeren reif und bieten sich als Vogelfutter an.

Efeu hilft Tieren durch den Winter

Efeu bietet somit quasi antizyklisch zum Rest der Natur genau dann Nektar, Pollen und Früchte, wenn sonst kaum noch was da ist. Und auch seine Blätter bleiben. Das ist ein schöner Anblick für uns Menschen und für die Tierwelt mindestens so wichtig wie das Futterangebot. Denn wenn alle Sträucher und Laubbäume nackt sind, finden Wildtiere im Efeudickicht Schlafplätze und Tagesverstecke. Und Freibrüter wie Amseln oder Rotkehlchen können früh im Jahr mit dem Brutgeschäft starten, ohne das Nest wie auf dem Präsentierteller anlegen zu müssen. (tin)

Schlossgarten Schwetzingen

Wer gerne interessante Burgen und Schlossgärten erkundet, kann seinen Urlaub entlang der „Burgenstraße" verbringen: Diese führt über 780 km von Mannheim in Baden-Württemberg bis nach Bayreuth in Oberfranken. Die Burgenstraße wird gesäumt von rund 60 Sehenswürdigkeiten. Schon beim Start in Mannheim erwartet einen eins der größten Barockschlösser.

Blick auf das Schwetzinger Schloss und die hohe Wasserfontäne

Und rund 15 km weiter, in Richtung Heidelberg, folgt schon das schöne Schwetzingen mit seinem bezaubernden Schlossgarten.

Spargel und Glücksschweine

Die mittelgroße Stadt Schwetzingen bietet allerhand Sehenswertes, so etwa das „Museum Blau", das die Natur- und Kulturgeschichte der Farbe Blau präsentiert. Zudem wird in Schwetzingen seit über 350 Jahren Spargel angebaut. Daran erinnert ein großes „Denkmal der Spargelfrau". Ganz in der Nähe steht ein neueres Denkmal: Das „Glücksschwein" zeigt den früheren Kurfürsten Carl Theodor, der halbnackt mit einer Mätresse auf einer Sau reitet.

Schon seit dem 15. Jahrhundert schätzten die Wittelsbacher Kurfürsten das milde Klima am Oberrhein und errichteten in Schwetzingen ihre Sommerresidenz. Frühere Schlossanlagen wurden allerdings in Kriegen zerstört. Schließlich ließ Johann Wilhelm von der Pfalz (1658–1716) aus Resten der Grundmauern ein neues Schloss bauen und den Schlossgarten auf rund 70 ha vergrößern. Pfalzgraf Carl Theodor (1724–1799) war der letzte Kurfürst, der Schwetzingen als Sommerresidenz nutzte. Dass er eine Vorliebe für Mätressen zeigte, resultierte aus der unglücklichen Ehe mit seiner Cousine Elisabeth Auguste. Diese war ziemlich dominant und zudem sehr lebensfreudig – den Spaß mit Liebhabern inbegriffen.

Ein kunstsinniger Kurfürst

Carl Theodor hatte aber auch andere Interessen: Er förderte die Wissenschaften und Künste. Und er liebte sein Besitztum in Schwetzingen und ließ es zu einer der schönsten Sommerresidenzen in Europa ausbauen. Mithilfe der Baumeister und Gartenarchitekten Johann Ludwig Petri, Nicolas de Pigage und Friedrich Ludwig Sckell

schuf er eine Gartenanlage, die verschiedene Stilelemente miteinander vereinte, vom Barock bis zum Landschaftsgarten.

Bald nach dem Tod Carl Theodors fiel die rechtsrheinische Kurpfalz an das Großherzogtum Baden. Nun wurde Johann Michael Zeyher (1770–1843) Gartendirektor in Schwetzingen. Er legte das Arboretum an und verwandelte das große rechteckige Bassin des Kurfürsten in einen Weiher mit natürlichen Uferlinien.

Ab 1860 verlor das Schwetzinger Schloss an Bedeutung und wurde als Blindenanstalt, Lazarett und Finanzamt genutzt. Was in der Zeit des Nationalsozialismus damit geschah, ist kaum dokumentiert. Als nach dem Zweiten Weltkrieg das Land Baden-Württemberg gegründet wurde, kam das Schloss unter staatliche Aufsicht und wird

Die blühenden Japanischen Zierkirschen begeistern jedes Jahr aufs Neue.

Skulpturen und Figuren

Kurfürst Carl Theodor hatte eine Vorliebe für Skulpturen, von denen im Schlossgarten über 80 zu bewundern sind. Darunter finden sich Darstellungen antiker Gottheiten, Symbolhaftes wie die vier Vasen der Weltzeitalter sowie Tierfiguren – oft wasserspeiend und teils sehr lustig. Meist handelt es sich um Kopien, um die Originale zu schützen. Diese kann man im Lapidarium bei der Orangerie besichtigen.

Von links nach rechts:

Im Schlossgarten findet man zahlreiche Skulpturen.

Der Merkurtempel wurde von Anfang an als Ruine angelegt.

Kunstvoll geschnittene Heckenbögen

heute von der Einrichtung „Staatliche Schlösser und Gärten Baden-Württemberg" betreut.

Eingänge und barockes Parterre

Auf beiden Seiten des Schlossgartens gibt es Nebeneingänge, nämlich am Zähringer Tor und am Dreibrückentor. Der Haupteingang befindet sich im Osten, in der Schlossstraße 1 – sehr passend, wenn man von der Carl-Theodor-Straße herkommt und auf dem Schlossplatz die Denkmäler von Spargelfrau und Glücksschwein bewundert. Die Straße wird begleitet von der Maulbeerbaum-Allee Basis Palatina, die von Heidelberg bis zum Kalmit-Berg führt.

Am Haupteingang passieren Sie zunächst den großen Mittelbau

mit Wachhäuschen, Schlosskapelle und Schlossmuseum mitsamt Besucherzentrum. Geradeaus geht es direkt in den großen, kreisförmigen Barockgarten im französischen Stil: mit schnurgeraden Wegen, rechteckigen Blumenrabatten sowie niedrigen Buchshecken, die mit farbigem Kies zu kunstvollen Ornamenten arrangiert sind. Links und rechts davon stehen Bäume, ebenfalls in geraden Reihen. Zentraler Blickfang ist der große Arionbrunnen mit einer eindrucksvollen Skulptur und einer 15 m hohen Wasserfontäne.

Das Kreisparterre wird, vom Eingang her betrachtet, eingerahmt von zwei viertelkreisförmigen Zirkelbauten und auf der anderen Seite von zwei Laubengängen. Kurfürst Carl Theodor ließ die Zirkelbauten für gesellschaftliche Veranstaltungen errichten. Heute finden sich darin Restaurant, Café und Räume für Konzerte und Ausstellungen. Im Anschluss an das Kreisparterre wird der Barockgarten schnurgerade weitergeführt, vorbei an einem Bassin mit wasserspeienden Hirschfiguren bis zum großen Weiher am Gartenende.

Heckenkulisse – und sechs Sphinxen, die das Ganze bewachen. Zum Gartenende hin beeindrucken der runde Tempel der Botanik und Wasserkastell mit Aquädukt und benachbartem Weiher.

Vom Obstgarten bis zum Merkurtempel

Ebenso interessant sind Spaziergänge auf der anderen Seite, links vom Hauptweg. Hier kommt man am Minervatempel vorbei zum großen Obstgarten. Den ließ Carl Theodor einst anlegen, um die Bevölkerung mit Obst und Gemüse zu versorgen. Doch nach 1945 wurde der Anbau aufgegeben. Später bepflanzte man drei der ursprünglichen Baumreihen mit Zierkirschen – und die Gemüsebeete mit Tausenden von Narzissen. Mittlerweile wurden aber auch wieder Apfel- und Kirschbäume gepflanzt.

Auf den Obstgarten folgt Richtung Osten die reizvolle Moschee mit zwei Minaretten und runder Kuppel, begleitet vom Türkischen Garten. Die Moschee ist auch innen sehr ansprechend gestaltet und wurde als Sinnbild der Toleranz zwischen den Religionen errichtet. Dahinter erstreckt sich ein großer Weiher, den man an seinem Nordufer über die „chinesische" Brücke überqueren kann. Auf einer Anhöhe gegenüber der Moschee steht der geheimnisvolle Merkurtempel: Er wirkt wie eine antike Ruine, ist aber durch Verankerungen sehr stabil errichtet. (may)

Landschaftsgarten und Nordseite

Wandert man vom Kreisparterre weiter nach links und rechts, stößt man auf schattige Wäldchen, umfasst von hohen Hecken. Darin verlaufen verschlungene Pfade, die einen zu verborgenen Ecken, Wasserspielen und Skulpturen geleiten. Von hier geht die Bepflanzung fließend über in einen englischen Landschaftsgarten. Im Gegensatz zum Barockgarten sind die Wege darin geschwungen und wirken naturnah – sind aber geschickt so angelegt, dass sie zu überraschenden Ausblicken führen.

Vom Hauptweg her weiter nach rechts, also gen Norden, gibt es allerhand zu besichtigen, angefangen bei der Orangerie samt Orangeriegarten und dem Arboretum. Nach Osten folgen das Porzellanhäuschen mit dem Sommerspeisesaal, das Badhaus, in das sich Carl Theodor gerne zum Lesen und Musizieren zurückzog, und der Apollotempel mit Naturtheater. Der aus Säulen errichtete Apollotempel wurde auf einer künstlichen Anhöhe gebaut. In ihm betrachtet eine große Skulptur des Apollo das Naturtheater mit seiner

Das Ende der Welt

Im Badhaus befindet sich ein Innengarten mit Skulpturen wasserspeiender Vögel. Von einem Bassin führt ein Laubengang zu einem großen Gemälde, das auf einer leicht konkaven Wand aufgebracht wurde. Dieses stellt das „Ende der Welt" als idyllische Flusslandschaft dar. Es handelt sich um eine geschickte optische Täuschung, weil die Sicht durch den dunklen Laubengang einen weiten Ausblick vortäuscht.

Pflanzen der Bibel

Ob klein oder groß, auf der Terrasse oder dem Balkon – der Garten ist vor allem auch ein Erholungsort, ein Ort mit himmlischer Ruhe, eine ganz persönliche Oase, hin und wieder natürlich auch verbunden mit Arbeit, vielleicht auch mit einer Prise Mühsal. Dass Menschen diese besondere Stimmung im Garten wahrnehmen, ist wohl ganz tief verwurzelt. Denn schon in der Bibel spielt der Garten eine ganz wesentliche Rolle, nicht nur weil alles Leben in ihm begann, sondern auch, weil er fruchtbarer Lebensraum ist.

Dabei sind nicht alle biblischen Gärten Nutzgärten, sie dürfen auch allein der Freude dienen und mit ihren Farben und dem Duft der Blüten die Menschen erfreuen. Nicht umsonst wird der eigene Garten also gerne als Paradies bezeichnet, in Erinnerung an den Paradiesgarten.

Biblische Pflanzen

Neben dem Garten selbst werden in der Bibel – im Alten und im Neuen Testament – auch zahlreiche Pflanzen erwähnt, die Früchte des Feldes wie Weizen und Hirse, Hülsenfrüchte wie Linse, Saubohne und Kichererbse kommen vor, Flaschenkürbis, Melone, Lauch, aber auch Wein, Senf, Dattelpalme und Ysop, Granatapfel, Blumen und Gräser findet man in der Bibel. Viel mehr als heute waren die Menschen mit der Natur und vor allem auch mit den lebensnotwendigen Gewächsen tief verwurzelt. Wie ein roter Faden ziehen sich Gleichnisse und Geschichten mit Pflanzen durch die Bibel und erzählen etwas vom damaligen Leben, von leinenen Kleidern und den Lilien auf dem Felde.

Gar nicht so einfach

Etwa 110 Pflanzen werden in der Bibel erwähnt. Die genaue Bestimmung ist dabei manchmal gar nicht so einfach. Das liegt zum einen an der möglicherweise fehlerhaften Übersetzung, denn die althebräischen Begriffe sind schwer zu übersetzen, zum anderen daran, dass die Schreiber der Bibel eher an den christlichen Inhalten interessiert waren als an der richtigen

botanischen Bezeichnung. Außerdem haben mitunter mehrere Pflanzen ein und denselben Namen. Das ist beispielsweise bei der Bezeichnung „erez" der Fall; übersetzt heißt „erez" Zeder. Damit sind aber gleichzeitig auch die Tanne und die Tamariske gemeint. Noch schwieriger ist die Zuordnung der Dornenpflanzen, die als Gruppe etwa zwanzigmal in der Bibel erwähnt werden. In der Flora Israels gibt es allerdings 70 mit Dornen und Stacheln bewehrte Pflanzen, welche ist da die richtige?

Deutscher Name	Botanischer Name	Bibelstellen
Küchenzwiebel	*Allium cepa*	4. Buch Mose 11,5–6
Knoblauch	*Allium sativum*	4. Buch Mose 11,5–6
Dill	*Anethum graveolens*	Matthäus 23,23
Echter Safran	*Crocus sativus*	Hohelied Salomos 4,13–14
Saat-Gerste	*Hordeum vulgare*	Buch Ruth 1,22; 2,2
Ysop	*Hysoppus officinalis*	Johannes 19,28–30
Echte Walnuss	*Juglans regia*	Hohelied Salomos 6,11
Linse	*Lens culinaris*	1. Buch Mose 25,34
Madonnen-Lilie	*Lilium candidum*	1. Buch der Könige 7,19
Rispenhirse	*Panicum miliaceum*	Hesekiel 4,9

Die Madonnen-Lilie steht für Vollkomenheit und Schönheit und ist für die bildliche Darstellung der Verkündigung an Maria unerlässlich.

Der Bibelgarten in Wagenfeld (Landkreis Diepholz) lockt jedes Jahr zahlreiche Besucher an.

Zeitenreise

Wer denkt schon darüber nach, dass die eine oder andere Pflanze im eigenen Garten bereits vor über 2000 Jahren wichtig für Menschen im Heiligen Land war. Granatapfel, Weizen, Wein und Senf bringt man meist mit der Bibel in Verbindung, aber die Heilige Brombeere (*Rubus sanctus*), der Diptam (*Dictamnus albus*) oder die Alexandrinische Senna (*Senna alexandrina*, Synonym: *Cassia senna*) als Brennender Dornbusch? Das ist wirklich spannend, zumal wenn eine dieser Pflanzen im Garten wächst. Und wissen Sie, was es mit Manna auf sich hat? In der Bibel ist das nicht genau herauszulesen, ebenso wenig im jüdischen Talmud oder dem Koran. Möglicherweise handelt es sich bei den weißen Kügelchen, die als Manna oder Himmelsbrot bezeichnet werden, um Ausscheidungen von Schildläusen, die auf dem Tamarindenbaum vorkommen oder um den Baumsaft der Blumen-Esche (*Fraxinus ornus*).

Bibelpflanzen im Garten

Nicht alle in Israel heimischen Bibelpflanzen wachsen auch in unseren Klimaten, aber allein schon mit einigen Kräutern wie Dill, Koriander, Minze, Kreuz- und Schwarzkümmel und einem Lorbeer im Topf können Sie ein kleines Bibelpflanzenkräuterbeet anlegen. Eine Zierform des Granatapfels (*Punica granatum* 'Nana') wächst gut als Kübelpflanze, ebenso ein Feigenbaum oder ein Olivenbaubaum.

Die Entstehung der Bibelgärten

Anregungen und Inspirationen für biblische Pflanzen im Garten finden Sie auf jeden Fall in einem der zahlreichen Bibelgärten in Deutschland und Österreich, in ganz Europa, Amerika und Australien. Sie laden dazu ein, die Pflanzen der Bibel mit ihrer symbolischen oder kulturellen Bedeutung kennenzulernen oder über „gärtnerische" Bibelzitate zu philosophieren. Der erste Bibelgarten entstand übrigens 1979 im botanischen Garten in Hamburg. Der erste Bibellandschaftspark Israels, „Neot Kedumim", wurde 1984 eröffnet. Als Nächstes waren es Gartenschauen, die sich des Themas Bibelpflanzen annahmen, z. B. die Bundesgartenschau in Cottbus 1995.

Bibelgartenvielfalt

Mittlerweile gibt es allein in Deutschland mehrere 100 Bibelgärten, und jeder einzelne davon ist geprägt von den Menschen,

Buchtipp

Die Pflanzen der Bibel kennen und kultivieren

Lassen Sie sich von einem passionierten Staudengärtner von seiner Leidenschaft anstecken und gestalten Sie mithilfe von unzähligen Profitricks lebendig wirkende Staudenbeete und Gartenbilder, die ihr Aussehen im Jahreslauf vielfältig ändern und nie langweilig werden.

„Die Pflanzen der Bibel kennen und kultivieren" von Wolfgang Kawollek und Henning Falk, erschienen im Verlag Eugen Ulmer, ISBN 978-3-8186-1299-3

die ihn entworfen haben, gestalten und pflegen. Vor allem in botanischen Gärten stehen die biblischen Pflanzen im Vordergrund, andere Bibelgärten nehmen sich besonderer Geschichten der Bibel an, z. B. der Schöpfungsgeschichte oder bestimmten Bibelpassagen. Verschiedene Gärten haben außerdem eine thematische Untergliederung, z. B. nach Nahrungspflanzen, Bäumen und Heilpflanzen als Grundmuster. Alle Bibelgärten haben jedoch eines gemeinsam: Sie möchten eine häufig verloren gegangene Beziehung zwischen den Menschen und der Bibel bzw. den biblischen Geschichten erneuern oder gar neu schaffen. Auf wunderbare Weise gelingt es den Gärten, die Besucher in eine längst vergangene Welt zu entführen. (wei)

Bibelgärten finden

Schauen Sie auf der Webseite der Bibelgärten www.bibelgarten.info nach. Dort finden Sie fast alle Bibelgärten – auch in Ihrer Nähe. Außerdem gibt es weitere Informationen unter www.bibel-garten.com. Der Besuch eines Bibelgartens lohnt sich, als Inspiration für den eigenen Garten aber auch als Meditation.

Auch Ysop fand schon in der Bibel Erwähnung.

Eichhörnchen im Garten

Eichhörnchen leben gut in unserer Kulturlandschaft. In den Forsten fühlen sie sich genauso wohl wie in Stadtparks. Hauptsache, es gibt hohe alte Bäume, auf oder in die sie ihren Kobel, das Nest, bauen können. Und zu fressen muss es geben, und zwar reichlich, denn die flinken Tierchen haben einen hohen Energieverbrauch. Zum Glück sind sie Allesfresser und damit in der Nahrungswahl recht flexibel: Sie lieben Nüsse und Samen, scharren sich aber auch Käfer aus dem Laub, zwicken Blätter und Knospen von den Bäumen, beernten Gemüsebeete und Obstbäume, sammeln Pilze und sagen auch nicht zu Vogeleiern nein.

Das mögen Eichhörnchen

Den flinken Tierchen den eigenen Garten nett zu machen, ihnen Futter und einen sicheren Unter-

Eichhörnchen lernen schnell, wie sie an das begehrte Futter kommen.

schlupf anzubieten, ist trotzdem eine gute Idee. Denn auch für Eichhörnchen schwindet der Lebensraum: Alte Bäume werden oft aus Sicherheitsgründen gefällt, und das Insektensterben und die Trockenheit machen es ihnen häufig schwer, ausreichend Nahrung zu finden. Neben einer Schale mit frischem Wasser freuen sich die Hörnchen daher über Nüsse, Körner und Kerne, Rosinen, Möhren und Äpfel. Aber Achtung: Essensreste oder Brot vertragen sie nicht.

Bauen oder kaufen

Sie können spezielle Futterhäuschen für Eichhörnchen kaufen, ebenso gibt es dafür aber auch Bauanleitungen. In den Häuschen sind die Nüsse geschützt vor anderen Tieren und doch für die fingerfertigen Tiere leicht zu erreichen. Sollten mehrere Eichhörnchen regelmäßig einen Garten besuchen, empfiehlt es sich, verschiedene Futterstellen einzurichten.

Denn Eichhörnchen können rabiat und zänkisch sein. Haben Sie Bäume im Garten, können Sie dort Kobel aufhängen. Die gibt es ebenfalls fertig zu kaufen oder als Bauanleitungen im Netz.

Vorrat für den Winter

Wichtig ist, den Tierchen auch Nistmaterial anzubieten, fürs Winterquartier und auch für die Kinderstube. Eichhörnchen nutzen dafür Fell und Tierhaare, Moos oder Laub. Das sollten Sie also ebenfalls im Angebot haben. Das beste Eichhörnchenquartier ist deshalb ein naturnaher Garten. Da findet sich reichlich Nistmaterial, ebenso Futter in Form von Wildsträuchern und Bäumen und wilden Ecken mit Pilzen und Insekten. Im Herbst brauchen sie besonders viel davon, denn dann besteht das ganze Tagewerk daraus, Futter zu suchen. Was nicht gleich gefressen wird, verstecken die Tierchen. Dick und rund gefressen verschwinden sie dann und verdösen die kalte Jahreszeit. Ab und zu schlüpfen die Hörnchen zum Fressen nach draußen. Auch wenn sie sich nicht an alle Ritzen und Löcher erinnern, große Verstecke können sie sich wohl merken. Das Futterhäuschen gehört auch dazu. Dort kommen die Hörnchen im Winter daher regelmäßig vorbei. (tin)

Sicherheit ist wichtig

Deshalb offene Wasserstellen wie Regentonnen abdecken und Dünger und Pflanzenschutzmittel eichhörnchensicher verschließen. Finden Sie ein krankes oder verwaistes Tier, bringen Sie es ins Warme und dann zum Tierarzt oder zu einer Wildtierstation. Eichhörnchen zu pflegen ist etwas für Profis und Selbstversuche bezahlen die Tierchen oft mit ihrem Leben.

Frühlingsbote Schwalbe

Die auch Hausschwalben genannten Rauchschwalben haben es mittlerweile schwer. Denn sie brüten am liebsten in Gebäuden, finden aber kaum noch welche, die in geeigneter Lage für sie zugänglich sind. Viehställe mit Weidehaltung gibt es immer weniger, und wenn, dann sind es große, luftige, praktische Hallen, in denen es Schwalben nicht so gemütlich haben. Mehlschwalben hingegen sind eigentlich Felsenbrüter und nehmen in der Zivilisation mit Außenplätzen unterm Dachüberstand und in Toreinfahrten vorlieb. Haben vogelfreundliche Menschen ihnen sogenannte Schwalbenbretter als Nisthilfen angebracht, umso lieber.

Schwalben mögen Matsch

Nistplätze sind jedoch nicht das Einzige, was die Vögel brauchen, sondern auch Lehm und feuchten Matsch, um daraus die typischen Kugelnester zu kleistern. Trockenheit und versiegelter Boden machen ihnen das ziemlich schwer. Helfen können künstliche Lehmpfützen, für die man einfach eine 20 cm tief

Mit Brettern gegen Dreck

Schwalben haben wie alle Vögel eine flotte Ver-
dauung und klecksen, wo sie sitzen und fliegen
– und wo sie nisten auch. Dieser Dreck ist oft
ein Grund, ihnen das Nisten am Haus zu vermie-
sen. Ein friedlicher Kompromiss für diesen Kon-
flikt ist ein sogenanntes Kotbrett, ein Stück
unterm Nest angebracht, am besten aus natur-
belassener Pappe, die dann vollgekleckst und
am Ende der Brutsaison regelmäßig ausge-
tauscht und entsorgt wird.

Mit so einem Kunst-
nest können Sie
Mehlschwalben
helfen.

und etwa 1,50 m lange und breite
oder runde Kuhle gräbt. In die
kommt dann lehmige Erde, die
schön feucht gehalten wird, bis der
Nestbau vorbei ist. Die Matschstel-
len sollten nicht mehr als 300 m
vom Niststandort der Schwalben
entfernt sein. Sonst trocknet der
Lehm schon unterwegs zum Nest
und taugt nicht mehr für den Bau.

Mücken für die Brut

Sind die Küken geschlüpft, braucht
es vor allem Futter. Daran fehlt es
allerdings oft. Eigentlich sind
Schwalben, Menschen und Landwirtschaft ein eingespieltes Team:
Fliegen und andere Insekten, die
sich in Kuhfladen und Schweine-
mist reichlich entwickeln, werden
von Schwalben weggefressen,
sodass sie weder Mensch noch Tier
lästig werden. Aber es gibt mittlerweile kaum noch dampfende Mist-
haufen, und wenn, dann sind viele
der tierischen Hinterlassenschaften
durch Medikamente und Entwur-

mungsmittel quasi vergiftet,
sodass kein Dungkäfer, keine
Schmeißfliege, keine Schwebfliege
und auch kein anderes Getier sie
als Kinderstube für ihre Larven
nutzen kann. Als Folge hungern die
Jungvögel.

Schwalben füttern helfen

Viehhaltung im Reihenhausgarten
zu simulieren, um den Schwalben
im Garten Futter anzubieten, ist
schwierig. Und sie mit Körnern und
Fettknödeln zu füttern, funktio-
niert leider nicht. Denn Schwalben
erbeuten ihre Nahrung im Flug,
sodass sie Streufutter schlicht
nicht als Nahrung erkennen. Aber
vielleicht ist doch noch irgendwo
Platz für einen kleinen Teich, der
Mücken „produziert", oder ein blühendes Gründach auf dem Garten-
schuppen, das Insekten anlockt?
Oder für ein bisschen „Wildnis" im
Garten, in der sich reichlich Fliegen, Käfer, Schmetterlinge entwickeln können? (tin)

Kombinationsmöglichkeiten für Mischkultur

Legende:
- 🟧 ungünstig
- ⬜ neutral
- 🟩 günstig für Nachbarschaftskulturen

Spalten (v. l. n. r.): Artischocken · Blumenkohl · Brokkoli · Buschbohnen · Chinakohl · Endivien · Erbsen · Grünkohl · Gurken · Knoblauch · Kohlrabi · Kopfsalat · Kürbisse · Mangold · Möhren · Neuseeländer Spinat

(G = günstig / grün, O = ungünstig / orange, leer = neutral)

	Artisch.	Blumenk.	Brokkoli	Buschb.	Chinak.	Endivien	Erbsen	Grünk.	Gurken	Knobl.	Kohlrabi	Kopfsal.	Kürbisse	Mangold	Möhren	Neus. Spinat
Artischocken																
Blumenkohl			G	G		G		G	G	O		G		G		
Brokkoli		G		G		G	G		G	O		G		G		
Buschbohnen		G	G		G	G	O	G	G	O		G		G	G	
Chinakohl				G			G		G			G		G		
Endivien		G	G	G	G						G	G		G		
Erbsen				O	G				G	O	G				G	
Grünkohl				G			G		G			G		G		
Gurken		G		G	G	G	G	G		G	G	G		G		
Knoblauch	O	O	O	O	O		O		G						G	
Kohlrabi		G		G		G			G			G		G		
Kopfsalat		G	G	G	G	G	G	G	G		G			G	G	
Kürbisse				G					G					G		
Mangold		G		G		G					G	G			G	
Möhren							G		G							
Neuseeländer Spinat																
Paprika		G	G	G			O		O			G		G		
Petersilie/Wurzelpetersilie																
Pflücksalat		G														
Porree				O						O				G	G	
Rettich/Radieschen		G		G		G			G	O		G		G		
Rosenkohl (Sprossenkohl)		G		G			G		G			G		G		
Rote Bete		G		G					G		G	G				
Rotkohl		G		G		G			G	O		G		G		
Sellerie		G		G					G		G	G		G		
Spinat		G		G					G			G		G		
Stangenbohnen							O		G	O				G		
Tomaten				G			O		O	O		G			G	
Weißkohl		G		G		G			G	O		G		G		
Wirsing		G		G		G			G			G		G		
Zucchini/Zucchetti																
Zuckerhut	G											G		G		
Zwiebeln/Schalotten		O	O	O	O		O		O					G		

Mischkultur-Tabelle (🟩 = gute Nachbarn, 🟧 = schlechte Nachbarn)

	Paprika	Petersilie/Wurzelp.	Pflücksalat	Porree	Rettich/Radieschen	Rosenkohl	Rote Bete	Rotkohl	Sellerie	Spinat	Stangenbohnen	Tomaten	Weißkohl	Wirsing	Zucchini/Zucchetti	Zuckerhut	Zwiebeln/Schalotten
Artischocken																🟩	
Blumenkohl	🟩		🟩	🟩					🟩		🟩	🟩					🟧
Brokkoli	🟩		🟩	🟩					🟩		🟩	🟩					🟧
Buschbohnen	🟩		🟩	🟧	🟩		🟩	🟩	🟩	🟩		🟩	🟩				🟧
Chinakohl			🟩	🟩	🟩				🟩		🟩	🟩					
Endivien			🟩	🟩	🟩	🟩		🟩	🟩	🟩	🟩	🟩					🟩
Erbsen	🟧		🟩	🟧	🟩		🟩		🟩	🟩		🟩					🟩
Grünkohl	🟩		🟩	🟩	🟩		🟩		🟩	🟩	🟩	🟩					
Gurken	🟧	🟩	🟩	🟧	🟩	🟩	🟩	🟩	🟩	🟩	🟩	🟧					🟩
Knoblauch	🟩			🟧	🟩	🟧	🟩	🟧	🟩			🟧					
Kohlrabi	🟩		🟩	🟩	🟩		🟩		🟩	🟩	🟩	🟩					🟩
Kopfsalat	🟩			🟩	🟩	🟩	🟩	🟩	🟩	🟩	🟩	🟩	🟩				🟩
Kürbisse		🟩	🟩		🟩		🟩		🟩	🟩	🟩						
Mangold	🟩		🟩	🟩	🟩							🟩	🟩				
Möhren		🟩	🟩	🟩	🟩					🟩	🟩	🟩					🟩
Neuseeländer Spinat																	
Paprika		🟩	🟩	🟩					🟩		🟩				🟩		
Petersilie/Wurzelpetersilie	🟩		🟩	🟩	🟩						🟩	🟩					
Pflücksalat	🟩	🟩		🟩	🟩	🟩	🟩	🟩	🟩	🟩	🟩	🟩	🟩				🟩
Porree	🟩		🟩		🟩		🟧		🟩			🟧					🟩
Rettich/Radieschen	🟩	🟩	🟩	🟩				🟩		🟩	🟩	🟩					
Rosenkohl (Sprossenkohl)	🟩		🟩	🟩					🟩		🟩	🟩					🟧
Rote Bete	🟩		🟩	🟧					🟩	🟩		🟩					🟩
Rotkohl	🟩		🟩	🟩					🟩	🟩	🟩	🟩					🟧
Sellerie	🟩		🟩	🟩			🟧				🟩	🟩					🟩
Spinat	🟩		🟩		🟩		🟩	🟩	🟩		🟩	🟩					🟩
Stangenbohnen	🟩		🟩	🟧			🟩	🟩	🟩	🟩		🟩					🟧
Tomaten		🟩	🟩	🟩	🟩				🟩	🟩							🟩
Weißkohl	🟩		🟩	🟩					🟩	🟩	🟩	🟩					🟧
Wirsing	🟩		🟩	🟩					🟩	🟩	🟩	🟩					🟧
Zucchini/Zucchetti																	
Zuckerhut		🟩															
Zwiebeln/Schalotten					🟧		🟩	🟧				🟧	🟧		🟩		

Säen, pflanzen,

Kulturkalender der wichtigsten Gemüsearten

		Kultur	F	M	A	M	J	J	A	S	O	N	D	J	F	M	A	Abstand	AR
Artischocken		VS																2 Pfl./m²	
Auberginen		VSU																3 Pfl./m²	
Blumenkohl	früh	VS																40 x 60	3
	spät	FA																60 x 60	2
Brokkoli	früh	VS																40 x 50	3
	spät	FA																60 x 50	2
Buschbohnen		F																40 x 8	3
Chicorée		FZ																40 x 12	3
Chinakohl		FZ																40 x 40	3
Endivien		FAZ																30 x 30	4
Erbsen		F																60 x 3	2
Feldsalat		F																15	7
Frühkartoffeln																		60 x 30	2
Frühlingszwiebeln		FAZ										Mai/Juni						25 x 10	5
Grünkohl		FA																60 x 60	2
Gurken		VSU																7 Pfl./m²	
		FA																7 Pfl./m²	
Karotten (Pariser Markt)		U																20 x 3	6
Knollensellerie		VS																40 x 40	3
Kohlrabi	früh	VSF																25 x 25	5
	spät	FA																30 x 30	4
Kopfsalat		U																25 x 25	5
		FA																25 x 30	5
Kürbisse		F																3 Pfl./m²	
Löwenzahn		FZ															→	30 x 15	4
Mairüben		U																25 x 10	5
		F																25 x 10	5
Mangold		FZ																30 x 25	4
Melonen		FSU																1 Pfl./m²	
		F																1 Pfl./m²	
Möhren		FZ																25 x 4	5
Neuseel. Spinat		VSF																4 Pfl./m²	
Paprika		VS																40 x 50	3
Pastinaken		FZ																30 x 10	4
Petersilie		FZ															→	30 x 10	4
Pflücksalat		FA																30 x 30	4
Porree	früh	VS																30 x 12	4
	spät	FA																40 x 15	3
Portulak		F																breitwürfig	
Prunkbohnen		F																6–8/Horst	2

Garten-praxis

	Kultur	F	M	A	M	J	J	A	S	O	N	D	J	F	M	A	Abstand	AR
Puffbohnen	FZ																40 x 15	3
Radicchio	FAZ																30 x 25	4
Radieschen	U																20 x 5–10	6
	FZ																25 x 4	4
Rettiche	FZ																25 x 10–20	5
Römischer Salat	U																30 x 30	4
	FA																30 x 30	4
Rosenkohl	FA																60 x 60	2
Rote Bete	FZ																30 x 15	4
Rotkohl früh	VSF																40 x 40	3
Rotkohl spät	FA																60 x 60	2
Rübstiel	U																30 x 15	4
	FZ																30 x 15	4
Sauerampfer	FZ																25 x 15	5
Schnittsalat	U																30	4
	F																30	4
Schwarzwurzeln	FZ																30 x 7	4
Spinat	F																25	5
Stangenbohnen	F																6–8/Horst	2
Stangensellerie	VS																40 x 35	3
Steckzwiebeln																	30 x 10	4
Tomaten	VS																3 Pfl./m2	
Weißkohl früh	VS																40 x 40	3
Weißkohl spät	FA																60 x 60	2
Winterportulak	F																breitwürfig	
Wirsing früh	VS																40 x 40	3
Wirsing spät	FA																60 x 50	2
Wurzelpetersilie	FZ																30 x 10	4
Zucchini	F																1 Pfl./m2	
Zuckerhut	FZ																40 x 50	3
Zuckermais	FZ																80 x 20	
Zwiebeln	FZ																25 x 10	5

Zeichenerklärung

••••	säen, stecken, legen
▬	ernten
U	Unterglas-Kultur
VSU	Vorkultur unter Glas für Setzlinge, pflanzen nach den Maifrösten oder Unterglas-Kultur
VS	Vorkultur unter Glas für Setzlinge, pflanzen nach den Maifrösten
VSF	Vorkultur unter Glas für Setzlinge, pflanzen vor den Maifrösten
FA	Freilandanzucht von Setzlingen im Saatbeet oder in Saatkästen (Multitopfplatten)
FAZ	Freilandanzucht von Setzlingen oder säen und verziehen
F	säen ins Freiland
FZ	säen ins Freiland und verziehen
ⅢⅢⅢ	roden zum Treiben im dunklen Keller
Abstand	Reihenabstand x Abstand in der Reihe in cm
AR	Anzahl der Reihen auf dem Beet

Messen, Ausstellungen, Blumenfeste etc.
(Stand Anfang 2022, Terminänderungen vorbehalten)

19. bis 28. Januar

**Int. Grüne Woche Berlin – Ausstellung für Ernährungs-
wirtschaft, Landwirtschaft und Gartenbau**
Berlin, Messe Berlin GmbH
Messedamm 22, 14055 Berlin
Tel. 030/30380
E-Mail: info@messe-berlin.de
www.messe-berlin.de

23. bis 26. Januar

IPM – Internationale Pflanzenmesse
Essen, Messe Essen GmbH
Messeplatz 1, 45131 Essen
Tel. 0201/72440
E-Mail: info@messe-essen.de
www.messe-essen.de

31. Januar bis 4. Februar

B.I.G. – Bauen, Immobilen, Garten, Einrichten
Hannover, Fachausstellungen Heckmann GmbH
Unternehmensgruppe Deutsche Messe
Messegelände, Europaallee/Bürohaus 7, 30521 Hannover
Tel. 0511/8930400
E-Mail: info@fh.messe.de
www.big-messe.de

28. Februar bis 3. März

**Garten München – Verkaufsausstellung für Blumen- und
Gartenfreunde**
München, GHM Gesellschaft für Handwerksmessen mbH
Paul-Wassermann-Str. 5, 81829 München
Tel. 089/1891490
E-Mail: kontakt@ghm.de
www.garten-muenchen.de

13. bis 17. März

GiardinaZÜRICH
Leben im Garten
Messe Zürich (in Zürich-Oerlikon), MCH Messe Schweiz
(Zürich) AG
Wallisellenstr. 49, CH-8050 Zürich Oerlikon
Tel. 0041/(0)58/2065000
E-Mail: info@giardina.ch
www.giardina.ch

21. bis 24. März

Dresdner Ostern
Dresden, Messe Dresden GmbH
Messering 6, 01067 Dresden
Tel. 0351/44580
E-Mail: info@messe-dresden.de
www.dresdner-ostern.de

27. bis 28. März

Lenzrosen- und Ostermarkt
Schloss Thurnau, Thurnau, Stefanie Kober
Am Alten Berg 17, 96123 Tiefenellern
Tel. 09505/804288
E-Mail: info@rosenmesse.de
www.rosenmesse.de

4. bis 7. April

Garten outdoor • ambiente
Stuttgart, Landesmesse Stuttgart GmbH
Messepiazza 1, 70629 Stuttgart
Tel. 0711/185600
E-Mail: info@messe-stuttgart.de
www.messe-stuttgart.de

5. bis 7. April

**Blühendes Österreich – Messe für Garten,
Urlaub & Camping**
Wels, Messe Wels GmbH
Messeplatz 1, A-4600 Wels
Tel. 0043/(0)7242/93920
E-Mail: office@messe-wels.at
www.messe-wels.at

19. April bis 13. Oktober

Landesgartenschau Bad Dürrenberg
Bad Dürrenberg Landesgartenschau Bad Dürrenberg
2023 gGmbH
Witzlebenweg 7a, 06231 Bad Dürrenberg
Tel. 03462/9987073
E-Mail: info@laga-badduerrenberg.de
www.laga-badduerrenberg.de

19. April bis 13. Oktober

Landesgartenschau Wangen im Allgäu
Wangen, Landesgartenschau Wangen im Allgäu 2024 GmbH
Aumühleweg 5, 88239 Wangen im Allgäu
Tel. 07522/916880
E-Mail: info@lgswangen2024.de
www.laga-badduerrenberg.de

9. bis 12. Mai

Malvern Spring Festival
Three Counties Showground, Malvern, Worcester, WR13 6NW,
England
Tel. 0044/01684/584900
E-Mail: info@threecounties.co.uk
www.rhs.org.uk
www.threecounties.co.uk

11. bis 12. Mai

26. Freisinger Gartentage
Kloster Neustift Freising, Anita Fischer
Ferdinand-Zwack-Str. 38, 85354 Freising
Tel. 08161/81887
E-Mail: gartentage@anitafischer-landschaftsarchitektin.de
www.freisingergartentage.de

15. Mai bis 6. Oktober

Bayerische Landesgartenschau Kirchheim
Kirchheim, Kirchheim 2024 GmbH
Henschelring 2a, 85551 Kirchheim
Tel. 089/909092024
E-Mail: info@lgs2024.de
www.kirchheim2024.de

17. bis 20. Mai

Fürstliches Gartenfest Schloss Fasanerie
Schloss Fasanerie, Eichenzell, Hessische Hausstiftung
Donatus Landgraf von Hessen
Hainstr. 25 b, 61476 Kronberg i. Ts.
Tel. 06173/701507
E-Mail: mail@gartenfest.de
www.gartenfest.de

17. bis 20. Mai

25. Tölzer Rosen- und Gartentage
Bad Tölz, Tölzer Rosentage GmbH
Max-Höfler-Platz 1a, 83646 Bad Tölz
Tel. 08041/7934474
E-Mail: info@rosentage.de
www.rosentage.de

18. bis 19. Mai

Rosen-, Kunst- und Gartentage
Hollfeld, Rosenfestkomitee Stadt Hollfeld
Marienplatz 18, 96142 Hollfeld
Tel. 09274/98019
E-Mail: rosen@hollfeld.de
rosentage.hollfeld.de

21. bis 25. Mai

Chelsea Flower Show
London Gate, Royal Hospital Road, Royal Hospital Chelsea,
London SW3 4SR, England
Tel. 0044/(0)20/31765800
E-Mail: showcustomercare@rhs.org.uk
www.rhs.org.uk

24. bis 26. Mai

Blühende Träume – Tiroler Gartentage
Innsbruck, Tiroler Bildungsforum – Verein für Kultur und
Bildung
Sillgasse 8, A-6020 Innsbruck
Tel. 0043/(0)512/581465
E-Mail: info@bluehende-traeume.at
www.bluehende-traeume.at

13. bis 16. Juni

Harlow Carr Flower Show
Crag Lane, Beckwithshaw, Harrogate, North Yorkshire, HG3
1QB, England
Tel. 0044/01423/724666
E-Mail: harlowcarr@rhs.org.uk
www.rhs.org.uk

15. bis 16. Juni

Rosen- und Gartenmesse
Königsberg in Bayern, Stefanie Kober
Am Alten Berg 17, 96123 Tiefenellern
Tel. 09505/804288
E-Mail: info@rosenmesse.de
www.rosenmesse.de

26. bis 28. Juni

Öga
Schweizerische Fachmesse für Garten-,
Obst- und Gemüsebau
Bern-Zürich-Str. 18, CH-3425 Koppigen
Tel. 0041/(0)34/4138030
E-Mail: info@oega.ch
www.oega.ch

2. bis 7. Juli

Hampton Court Palace Garden Festival
Hampton Court Palace, East Molesey, Surrey, KT8 9AU,
England
Tel. 0044/(0)20/31765800
E-Mail: rhsshowscustomercare@rhs.org.uk
www.rhs.org.uk

17. bis 21. Juli

Flower Show Tatton Park
Mereheath Lane, Knutsford, Cheshire, WA16 6QN, England
Tel. 0044/(0)20/31765800
E-Mail: rhsshowscustomercare@rhs.org.uk
www.rhs.org.uk

19. bis 21. Juli

21. DIGA Gartenmesse Schloss Beuggen
Schloss Beuggen, SüMA Maier Messen Märkte
und Events GmbH
Bahnhofstr. 101, 79618 Rheinfelden
Tel. 07632/741920
E-Mail: info@suema-maier.de
www.suema-maier.de

31. Juli bis 4. August

Hyde Hall Flower Show
Creephedge Lane, Rettendon, Chelmsford, Essex, CM3 8RA,
England
Tel. 0044/01245/402019
E-Mail: hydehall@rhs.org.uk
www.rhs.org.uk

9. bis 11. August

19. DIGA Gartenmesse Kloster Wiblingen
Kloster Wiblingen, SüMA Maier Messen Märkte
und Events GmbH
Bahnhofstr. 101, 79618 Rheinfelden
Tel. 07632/797660
E-Mail: info@diga-gartenmessen.de
www.diga-gartenmessen.de

16. bis 18. August

Rosemoor Flower Show
Great Torrington, Devon, EX38 8PH, England
Tel. 0044/01805/624067
E-Mail: rosemooradmin@rhs.org.uk
www.rhs.org.uk

3. bis 8. September

Wisley Flower Show
Woking, Surrey, GU23 6QB, England
Tel. 0044/01483/224234
E-Mail: wisley@rhs.org.uk
www.rhs.org.uk

7. bis 8. September

Rosen- und Gartenmesse
Festung Rosenbach, Kronach, Stefanie Kober
Am Alten Berg 17, 96123 Tiefenellern
Tel. 09505/804288
E-Mail: info@rosenmesse.de
www.rosenmesse.de

7. bis 8. September

Illertisser Gartentage
Illertissen, Staudengärtnerei Gaißmayer
Jungviehweide 3, 89257 Illertissen
Tel. 07303/7258
E-Mail: info@gaissmayer.de
www.gaissmayer.de

13. bis 15. September

Fürstliches Gartenfest Schloss Wolfsgarten
Schloss Wolfsgarten, Langen, Hessische Hausstiftung
Donatus Landgraf von Hessen
Hainstr. 25 b, 61476 Kronberg i. Ts.
Tel. 06173/701507
E-Mail: mail@gartenfest.de
www.gartenfest.de

28. bis 29. September

Malvern Autumn Show
Three Counties Showground, Malvern, Worcestershire, WR13
6NW, England
Tel. 0044/01684/584900
E-Mail: info@threecounties.co.uk
www.rhs.org.uk
www.threecounties.co.uk

3. bis 6. Oktober

20. Tölzer Herbstzauber
Bad Tölz, Tölzer Rosentage GmbH
Max-Höfler-Platz 1a, 83646 Bad Tölz
Tel. 08041/7934474
E-Mail: info@rosentage.de
www.rosentage.de

Adressen für Information und Fortbildung

Arbeitsgemeinschaft deutscher Junggärtner e.V.
Gießener Str. 47, 35305 Grünberg
Tel. 06401/910179, Fax 06401/910176
E-Mail: info@junggaertner.de
www.junggaertner.de

Bayerische Landesanstalt für Weinbau und Gartenbau
An der Steige 15, 97209 Veitshöchheim
Tel. 0931/98010, Fax 0931/9803100
E-Mail: poststelle@lwg.bayern.de
www.lwg.bayern.de

Bundesinformationszentrum Landwirtschaft
www.ble.de/bzl

Gartenakademie Rheinland-Pfalz im Dienstleistungszentrum Ländlicher Raum Rheinpfalz
Breitenweg 71, 67435 Neustadt/Weinstraße
Tel. 06321/671502
E-Mail: gartenakademie@dlr.rlp.de
www.gartenakademie.rlp.de

Hessische Gartenakademie
Landesbetrieb Landwirtschaft Hessen (LLH)
Kölnische Str. 48–50, 34117 Kassel
Tel. 0561/7299376, Fax 0561/7299210
E-Mail: hessische.gartenakademie.ks@llh.hessen.de
www.llh.hessen.de/pflanze/freizeitgartenbau/

Hochschule Weihenstephan-Triesdorf, Zentrum für Forschung und Weiterbildung, Institut für Gartenbau
Am Staudengarten 8, 85354 Freising
Tel. 08161/713347, Fax 08161/715106
E-Mail: igb@hswt.de
www.hswt.de/forschung/forschungseinrichtungen/igb.html

Landwirtschaftskammer Nordrhein-Westfalen
Nevinghoff 40, 48147 Münster
Tel. 0251/23760, Fax 0251/2376521
E-Mail: info@lwk.nrw.de
www.landwirtschaftskammer.de

Lehr- und Versuchsanstalt für Gartenbau Ahlem
Heisterbergallee 12, 30453 Hannover
Tel. 0511/40052152, Fax 0511/40052200
E-Mail: lvg.ahlem@lwk-niedersachsen.de
www.lwk-niedersachsen.de/index.cfm/action/contact/adr/148.html

LfULG – Fachschule für Agrartechnik, Fachschule für Gartenbau
Söbrigener Str. 3 a, 01326 Dresden-Pillnitz
Tel. 0351/26128402, Fax 0351/26128499
E-Mail: fachschulen.lfulg@smekul.sachsen.de
www.smul.sachsen.de/fachschulen

NABU Gut Sunder
OT Meißendorf, 29308 Winsen (Aller)
Tel. 05056/970111
E-Mail: info@nabu-gutsunder.de
www.nabu-gutsunder.de

Saarländische Gartenakademie
Landwirtschaftskammer für das Saarland
In der Kolling 310, 66450 Bexbach
Tel. 06826/828950
E-Mail: gartenakademie@lwk-saarland.de
www.lwk-saarland.de

Sächsisches Landesamt für Umwelt, Landwirtschaft und Geologie
August-Böckstiegel-Str. 1, 01326 Dresden
Tel. 0351/26120, Fax 0351/26121099
E-Mail: poststelle.lfulg@smul.sachsen.de
www.smul.sachsen.de/lfulg

Staatliche Lehr- und Versuchsanstalt für Wein- und Obstbau Weinsberg
Traubenplatz 5, 74189 Weinsberg
Tel. 07134/5040, Fax 07134/504133
E-Mail: poststelle@lvwo.bwl.de
www.lvwo-weinsberg.de

Verein Bildungsstätte Gartenbau e.V.
Gießener Str. 47, 35305 Grünberg
Tel. 06401/91010, Fax 06401/910192
E-Mail: info@bildungsstaette-gartenbau.de
www.bildungsstaette-gartenbau.de

Adressen zu Pflanzenschutzfragen

Baden-Württemberg

Biofa AG
Rudolf-Diesel-Str. 2, 72525 Münsingen
Tel. 07381/93540, Fax 07381/935454
E-Mail: contact@biofa-profi.de
www.biofa-farming.com

Landwirtschaftliches Technologiezentrum Augustenberg
Neßlerstr. 25, 76227 Karlsruhe
Tel. 0721/9468444
E-Mail: bernhard.bundschuh@ltz.bwl.de
www.ltz-augustenberg.de und www.isip.de

Bayern

Bayerische Landesanstalt für Landwirtschaft
Institut für Pflanzenschutz
Lange Point 10, 85354 Freising
Tel. 08161/86405651
E-Mail: pflanzenschutz@lfl.bayern.de
www.lfl.bayern.de/ips/ und www.isip.de

Berlin

Pflanzenschutzamt Berlin
Mohriner Allee 137, 12347 Berlin
Tel. 030/7000060, Fax 030/700006255
E-Mail: pflanzenschutzamt@senumvk.berlin.de
www.berlin.de/pflanzenschutzamt

Brandenburg

Landesamt für ländliche Entwicklung, Landwirtschaft und Flurneuordnung
Abteilung Pflanzenschutz
Müllroser Chaussee 54, 15236 Frankfurt/Oder
Tel. 0335/606762101, Fax 0331/275484282
E-Mail: pflanzenschutzdienst@lelf.brandenburg.de
www.lelf.brandenburg.de/lelf/de/landwirtschaft/pflanzenschutz und www.isip.de

Bremen

Lebensmittelüberwachungs-, Tierschutz- und Veterinärdienst des Landes Bremen
Pflanzenschutzdienst
Lötzener Str. 3, 28207 Bremen
Tel. 0421/3618130, Fax 0421/36116644
E-Mail: office@lmtvet.bremen.de
www.lmtvet.bremen.de/pflanzen/pflanzenschutz-1632

Hamburg

Behörde für Wirtschaft und Innovation
Pflanzenschutzamt
Beratung Haus- und Kleingarten
Brennerhof 123, 22113 Hamburg
Tel. 040/428415300
E-Mail: huk-beratung@bwvi.hamburg.de
www.hamburg.de/pflanzenschutzamt

Hessen

Regierungspräsidium Gießen
Pflanzenschutzdienst
Schanzenfeldstr. 8, 35578 Wetzlar
Tel. 0641/3035227
E-Mail: psd-wetzlar@rpgi.hessen.de
www.pflanzenschutzdienst.rp-giessen.de

Mecklenburg-Vorpommern

Landesamt für Landwirtschaft, Lebensmittelsicherheit und Fischerei
Abteilung Pflanzenschutzdienst
Haus- und Kleingarten
Graf-Lippe-Str. 1, 18059 Rostock
Tel. 0381/4035470
E-Mail: matthias.wuttke@lallf.mvnet.de
www.lallf.de/pflanzenschutz-saatenanerkennung/haus-und-kleingarten/ und www.isip.de

Niedersachsen

Landwirtschaftskammer Niedersachsen
Pflanzenschutzamt
Wunstorfer Landstr. 9, 30453 Hannover
Tel. 0511/40050, Fax 0511/40052120
sowie
Pflanzenschutzamt, Standort Oldenburg
Sedanstr. 4, 26121 Oldenburg
Tel. 0441/801721, Fax 0441/801777
E-Mail: pflanzenschutzamt@lwk-niedersachsen.de
www.lwk-niedersachsen.de und www.isip.de

Nordrhein-Westfalen

Landwirtschaftskammer Nordrhein-Westfalen
Pflanzenschutzdienst
Gartenstr. 11, 50765 Köln
Tel. 0221/5340401, Fax 0221/5340402
E-Mail: pflanzenschutzdienst@lwk.nrw.de
www.pflanzenschutzdienst.de und www.isip.de

Rheinland-Pfalz

**Gartenakademie Rheinland-Pfalz im Dienstleistungs-
zentrum Ländlicher Raum Rheinpfalz**
Breitenweg 71, 67435 Neustadt/Weinstraße
Tel. 06321/671502
E-Mail: gartenakademie@dlr.rlp.de
www.gartenakademie.rlp.de und www.isip.de

Saarland

Landwirtschaftskammer für das Saarland
Pflanzenschutzberatung
In der Kolling 310, 66450 Bexbach
Tel. 06826/8289546
E-Mail: pflanzenschutzberatung@lwk-saarland.de
www.lwk-saarland.de und www.isip.de

Sachsen

Landesamt für Umwelt, Landwirtschaft und Geologie
Referat 73 – Pflanzenschutz
Waldheimer Str. 219, 01638 Nossen
Tel. 035242/6310, Fax 035242/7099
E-Mail: abt7.lfulg@smekul.sachsen.de
www.lfulg.sachsen.de und www.isip.de

Sachsen-Anhalt

**Landesanstalt für Landwirtschaft und Gartenbau
Sachsen-Anhalt**
Dezernat Pflanzenschutz
Strenzfelder Allee 22, 06406 Bernburg
Tel. 03471/334345
E-Mail: christian.wolff@llg.mule.sachsen-anhalt.de
www.llg.sachsen-anhalt.de/llgund www.isip.de

Schleswig-Holstein

Landwirtschaftskammer Schleswig-Holstein
Pflanzenschutzdienst
Haus- und Kleingarten
Thiensen 22, 25373 Ellerhoop
Tel. 04120/7068214 und 04120/7068226, Fax 04120/7068212
E-Mail: emester@lksh.de und ghenkel@lksh.de
*www.lksh.de/landleben/haus-und-kleingarten/ und www.
isip.de*

Thüringen

Landesamt für Landwirtschaft und Ländlichen Raum
Referat Pflanzenschutz und Saatgut
Apoldaer Str. 4, 07774 Dornburg-Camburg
Tel. 0361/574047122, Fax 0361/574047340
E-Mail: katrin.weidemann@tlllr.thueringen.de
*www.tlllr.thueringen.de/landwirtschaft/pflanzenproduktion/
pflanzenschutz/infos und www.isip.de*

Adressen zur Boden-untersuchung

**AGES – Österreichische Agentur für Gesundheit und
Ernährungssicherheit GmbH**
Abteilung Bodengesundheit und Pflanzenernährung
Spargelfeldstr. 191, A-1220 Wien
Tel. 0043/(0)50555/34125
E-Mail: bodengesundheit@ages.at
www.ages.at/umwelt/boden/bodenuntersuchungen

Agrolab Agrar und Umwelt GmbH – Sarstedt
Breslauer Str. 60, 31157 Sarstedt
Tel. 05066/901930, Fax 05066/9019335
E-Mail: sarstedt@agrolab.de
*www.agrolab.com/de/standort-agrolab-koldingen-sarstedt.
html*

Agrolab Agarzentrum GmbH
Zeißstr. 19, 37327 Leinefelde
Tel. 03605/5330100, Fax 03605/5330150
E-Mail: leinefelde@agrolab.de
*www.agrolab.com/de/standort-agrolab-agrarzentrum-leine-
felde-worbis.html*

Analytik Institut Rietzler GmbH
Dieter-Streng-Str. 5, 90766 Fürth
Tel. 0911/971910, Fax 0911/97191299
E-Mail: info@rietzler-analytik.de
www.rietzler-analytik.de

BOLAP GmbH
Obere Langgasse 40, 67346 Speyer
Tel. 06232/60570, Fax 06232/605730
E-Mail: info@bolap.de
www.bolap.de

Eurofins Umwelt Nord GmbH
Stedinger Str. 45a, 26135 Oldenburg
Tel. 0441/218300, Fax 04412183012
E-Mail: umwelt-oldenburg@eurofins.de
www.eurofins.de/umwelt/standorte/

Eurofins Umwelt Ost GmbH
Löbstedter Str. 78, 07749 Jena
Tel. 03641/46490, Fax 03641/464919
E-Mail: info_jena@eurofins.de
www.eurofins.de/umwelt/standorte/

Eurofins Umwelt Südwest GmbH
Karlsruher Str. 22, 76437 Rastatt
Tel. 07222/933440, Fax 07222/9334450
E-Mail: umwelt-rastatt@eurofins.de
www.eurofins.de/umwelt/standorte/

Eurofins Umwelt West GmbH
Vorgebirgsstr. 20, 50389 Wesseling
Tel. 02236/8970, Fax 02236/897555
E-Mail: umwelt-wesseling@eurofins.de
www.eurofins.de/umwelt/standorte/

Institut für Agrar- & Umweltanalytik
Dipl.-Ing. Werner Bannach
Querfurter Str. 9, 06632 Freyburg
Tel. 034464/26582, Fax 034464/28130
E-Mail: info@iau-freyburg.de
www.iau-freyburg.de

Labor Ins AG
Industriestr. 13, CH-3210 Kerzers
Tel. 0041/(0)31/3119944
E-Mail: info@laborins.ch
www.laborins.ch

Laboratorium Lacher
Niedermattenstr. 3, 79238 Ehrenkirchen
Tel. 07633/982234, Fax 07633/982235
E-Mail: info@laboratorium-lacher.de
www.laboratorium-lacher.de

Landesbetrieb Hessisches Landeslabor
Schubertstr. 60, Haus 13, 35392 Gießen
Tel. 0641/4800555, Fax 0641/48005900
E-Mail: info@lhl.hessen.de
www.lhl.hessen.de

Landesbetrieb Hessisches Landeslabor
Am Versuchsfeld 11–13, 34128 Kassel
Tel. 0561/9888181
E-Mail: judith.treis@lhl.hessen.de
www.lhl.hessen.de/landwirtschaft-umwelt/biogas-boden-sekundaerrohstoffe/boden/gartenbau

Landesbetrieb Hessisches Landeslabor
Glarusstr. 6, 65203 Wiesbaden
Tel. 0611/76080, Fax 0611/713515
E-Mail: info@lhl.hessen.de
www.lhl.hessen.de

Lbu Labor für Boden- und Umweltanalytik
Postfach 150, CH-3602 Thun
Tel. 0041/(0)33/2275731, 0041/(0)33/2275739
E-Mail: info@lbu.ch
www.ericschweizer.ch/de/labor-fuer-boden--und-umwelt-analytik

LUFA Nord-West
Institut für Boden und Umwelt
Finkenborner Weg 1 a, 31787 Hameln
Tel. 05151/987120, Fax 05151/987111
E-Mail: hameln@lufa-nord-west.de
www.lufa-nord-west.de

LUFA Nord-West
Institut für Boden und Umwelt
Jägerstr. 23–27, 26121 Oldenburg
Tel. 0441/801845
E-Mail: hilko.eilers@lufa-nord-west.de
www.lufa-nord-west.de

LUFA NRW
Nevinghoff 40, 48147 Münster
Tel. 0251/2376595, Fax 0251/2376702
E-Mail: lufa@lwk.nrw.de
www.lufa-nrw.de

LUFA Rostock der LMS Agrarberatung GmbH
Graf-Lippe-Str. 1, 18059 Rostock
Tel. 0381/8771330, Fax 0381/87713370
E-Mail: gf@lms-beratung.de
www.lms-lufa.de

LUFA Speyer
Obere Langgasse 40, 67346 Speyer
Tel. 06232/1360, Fax 06232/136110
E-Mail: info@lufa-speyer.de
www.lufa-speyer.de

OWL Umweltanalytik GmbH
Westring 93, 33818 Leopoldshöhe
Tel. 05202/923320, Fax 05202/9233220
E-Mail: info@owlumwelt.de
www.owlumwelt.de

Nützlinge/Biologischer Pflanzenschutz

F. Schacht GmbH & Co. KG
Bültenweg 48, 38106 Braunschweig
Tel. 0531/238030
E-Mail: info@schacht.de
www.schacht.de

Katz Biotech AG
An der Birkenpfuhlheide 10, 15837 Baruth
Tel. 033704/67510, Fax 033704/67579
E-Mail: info@katzbiotech.de
www.katzbiotech.de

Koppert Deutschland GmbH
Zeppelinstr. 32, 47638 Straelen
Tel. 02834/3009201
sowie
Pirminstr. 121, 78479 Reichenau
Tel. 07534/248970
E-Mail: info@koppertbio.de
www.koppertbio.de

ÖRE Bio-Protect – Biologischer Pflanzenschutz GmbH
Neuwührener Weg 26, 24223 Schwentinental
Tel. 04307/5016, Fax 04307/7128
E-Mail: info@nuetzlingsberater.de
www.nuetzlingsberater.de

Regenwurmfarm Tacke
Christoph Tacke
Klosterdiek 61, 46325 Borken
Tel. 02872/2066, Fax 02872/8240
E-Mail: c.tacke@t-online.de

Sautter & Stepper GmbH
Rosenstr. 19, 72119 Ammerbuch
Tel. 07032/957830, Fax 07032/957850
E-Mail: info@nuetzlinge.de
www.nuetzlinge.de

W. Neudorff GmbH KG
An der Mühle 3, 31860 Emmerthal
Tel. 05155/6240 und 05155/6244888 (Beratung),
Fax 05155/6010
E-Mail info@neudorff.de
www.neudorff.de

Gartenbauverbände

Bayerischer Landesverband für Gartenbau und Landespflege e.V.
Herzog-Heinrich-Str. 21, 80336 München
Tel. 089/5443050, Fax 089/54430534
E-Mail: info@gartenbauvereine.org
www.gartenbauvereine.org

Bundesverband Deutscher Gartenfreunde e.V.
Platanenallee 37, 14050 Berlin
Tel. 030/30207140, Fax 030/30207139
E-Mail: bgd@kleingarten-bund.de
www.kleingarten-bund.de

Deutsche Gartenbau-Gesellschaft 1822 e.V.
Kleine Präsidentenstr. 1, 10178 Berlin
Tel. 030/28093425, Fax 030/28093426
E-Mail: info@dgg1822.de
www.dgg1822.de

Landesverband der Gartenbauvereine NRW e.V.
Dienstgebäude Kreislehrgarten
Wemhöferstiege 33, 48565 Steinfurt
Tel. 02551/694421, Fax 02551/694422
E-Mail: info@gartenbauvereine.nrw
www.gartenbauvereine.de/nrw

Landesverband für Obstbau, Garten und Landschaft Baden-Württemberg e.V.
Klopstockstr. 6, 70193 Stuttgart
Tel. 0711/632901, Fax 0711/638299
E-Mail: info@logl-bw.de
www.logl-bw.de

Landesverband Hessen für Obstbau, Garten und Landschaftspflege e.V.
Friedenstr. 26, 35578 Wetzlar
Postadresse/Geschäftsstelle: Friedenstr. 1, 35606 Solms
Tel. 06442/7083024
E-Mail: info@logl-hessen.de
www.logl-hessen.de

Landesverband Niedersächsischer Gartenbauvereine e.V.
Bückeburger Str. 11, 31655 Stadthagen
Tel. 05721/4494, Fax 05721/4494
E-Mail: landesverband-nds-gbv@gmx.de
www.gartenbauvereine.de

Verband der Gartenbauvereine Saarland/ Rheinland-Pfalz e.V.
Kulturzentrum Bettinger Mühle
Hüttersdorfer Str. 29, 66839 Schmelz
Tel. 06887/9032999, Fax 06887/9032998
E-Mail: sal-rlp@gartenbauvereine.de
www.gartenbauvereine.de/saarland_rheinland-pfalz

Zentralverband Gartenbau e.V.
Servatiusstr. 53, 53175 Bonn
Tel. 0228/810020
sowie
Claire-Waldoff-Str. 7, 10117 Berlin
Tel. 030/2000650
E-Mail: info@derdeutschegartenbau.de
www.derdeutschegartenbau.de

Organisationen für seltene/ alte Sorten

Arche Noah
Obere Str. 40, A-3553 Schiltern
Tel. 0043(0)2734/8626, Fax 0043(0)2734/8627
E-Mail: info@arche-noah.at
www.arche-noah.at

Boomgarden-Projekt
Stader Geest e.V.
Eckart Brandt
Im Moor 1, 21712 Großenwörden
Tel. 04775/538
E-Mail: info@boomgarden.de
sowie
Boomgarden-Stiftung
Judith Bernhard
Schölischer Str. 82, 21682 Stade
Tel. 0162/9370541
E-Mail: alte_sorten_delikatesse@yahoo.de
www.boomgarden.de

Fructus, die Vereinigung zur Förderung alter Obstsorten
Müller-Thurgau-Str. 29, CH-8820 Wädenswil
Tel. 0041/(0)44/5180340
E-Mail: info@fructus.ch
www.fructus.ch

Höhere Bundeslehranstalt und Bundesamt für Wein- und Obstbau
Wiener Str. 74, A-3400 Klosterneuburg
Tel. 0043(0)2243/37910, Fax 0043(0)2243/26705
E-Mail: direktion@weinobst.at
www.weinobstklosterneuburg.at

Julius Kühn-Institut – Bundesforschungsinstitut für Kulturpflanzen
Institut für Züchtungsforschung an gartenbaulichen Kulturen
Erwin-Baur-Str. 27, 06484 Quedlinburg
Tel. 03946/473001, Fax 03946/473002
E-Mail: zg@julius-kuehn.de
www.julius-kuehn.de/zg

Julius Kühn-Institut – Bundesforschungsinstitut für Kulturpflanzen
Institut für Züchtungsforschung an Obst
Pillnitzer Platz 3 a, 01326 Dresden
Tel. 03946/478001, Fax 03946/478002
E-Mail: zo@julius-kuehn.de
www.julius-kuehn.de/zo

Landesverband für Obstbau, Garten und Landschaft Baden-Württemberg e.V.
Klopstockstr. 6, 70193 Stuttgart
Tel. 0711/632901, Fax 0711/638299
E-Mail: info@logl-bw.de
www.logl-bw.de

Landwirtschaftliche Lehranstalten Triesdorf
Markgrafenstr. 12, 91746 Weidenbach
Tel. 09826/180
E-Mail: lla@triesdorf.de
www.triesdorf.de

Pomologen-Verein e.V.
Bundesgeschäftsstelle, Ulrich Kubina
Husumer Str. 16, 20251 Hamburg
Tel. 040/46063755, Fax 040/46063993
E-Mail: info@pomologen-verein.de
www.pomologen-verein.de

ProSpecieRara – Schweizerische Stiftung für die kulturhistorische und genetische Vielfalt von Pflanzen und Tieren
Unter Brüglingen 6, CH-4052 Basel
Tel. 0041(0)61/5459911, Fax 0041(0)61/5459912
E-Mail: info@prospecierara.ch
www.prospecierara.ch

Verein zur Erhaltung der Nutzpflanzenvielfalt e.V.
Walburger Str. 2, 37213 Witzenhausen
E-Mail: 1vorsitz@nutzpflanzenvielfalt.de
www.nutzpflanzenvielfalt.de

Ökologische Natur- und Gartenvereinigungen

Benediktinerinnenabtei zur Hl. Maria
Nonnengasse 16, 36037 Fulda
Tel. 0661/902450, Fax 0661/9024545
E-Mail: info@abtei-fulda.de
www.abtei-fulda.de

Biokreis e.V. – Verband für ökologischen Landbau und gesunde Ernährung
Geschäftsstelle Passau
Stelzlhof 1, 94034 Passau
Tel. 0851/756500, Fax 0851/7565025
E-Mail: info@biokreis.de
sowie
Geschäftsstelle Berlin
Marienstr. 19–20, 10117 Berlin
Tel. 030/28482480, Fax: 030/28482489
E-Mail: berlin@biokreis.de
www.biokreis.de

Bioterra Schweiz
Scheideggstr. 73, CH-8038 Zürich
Tel. 0041/(0)44/4544848
E-Mail: service@bioterra.ch
www.bioterra.ch

Bund für Umwelt und Naturschutz Deutschland e.V. (BUND) – Friends of the Earth Germany
Bundesgeschäftsstelle
Kaiserin-Augusta-Allee 5, 10553 Berlin
Tel. 030/2758640, Fax 030/27586440
E-Mail: bund@bund.net
www.bund.net

Forschungsinstitut für biologischen Landbau Deutschland e.V.
Kasseler Str. 1a, 60486 Frankfurt
Tel. 069/71376990, Fax 069/71376999
E-Mail: info.deutschland@fibl.org
www.fibl.org

Forschungsinstitut für biologischen Landbau Österreich
Doblhoffgasse 7/10, A-1010 Wien
Tel. 0043/(0)1/9076313, Fax 0043/(0)1/907631320
E-Mail: info.oesterreich@fibl.org
www.fibl.org

Forschungsinstitut für biologischen Landbau Schweiz
Ackerstr. 113, CH-5070 Frick
Tel. 0041/(0)62/8657272
E-Mail: info.suisse@fibl.org
www.fibl.org

Forschungsring e.V.
Brandschneise 5, 64295 Darmstadt
Tel. 06155/84210, Fax 06155/842125
E-Mail: info@forschungsring.de
www.forschungsring.de

Naturgarten e.V.
Verein für naturnahe Garten- und Landschaftsgestaltung
Bundesgeschäftsstelle
Reuterstr. 157, 53113 Bonn
Tel. 0228/29971300
E-Mail: medien@naturgarten.org
www.naturgarten.org

Stiftung Ökologie & Landbau
Weinstraße Süd 51, 67098 Bad Dürkheim
Tel. 06322/989700, Fax 06322/989701
E-Mail: info@soel.de
www.soel.de

Liebhabergesellschaften

Deutsche Bromelien-Gesellschaft e.V.
Geschäftsstelle, Arne Seringer
Dierdorfer Weg 28, 50767 Köln
Tel. 0221/78946080
E-Mail: info@dbg-web.de
www.dbg-web.de

Deutsche Efeugesellschaft e.V.
c/o Schlosspark Dennenlohe
Dennenlohe 1, 91743 Unterschwaningen
Tel. 09836/96888, Fax 09836/96889
E-Mail: info@dennenlohe.de
www.efeu-ev.org

Deutsche Fuchsien-Gesellschaft e.V.
Geschäftsstelle, Petra Helfrich
Im Wolfsgarten 17, 14612 Falkensee
E-Mail: kontakt@deutsche-fuchsien-ges.de
www.deutsche-fuchsien-ges.de

Deutsche Gesellschaft für Hydrokultur e.V.
Geschäftsstelle
Hunsrückstr. 1, 65929 Frankfurt/Main
Tel. 069/331364, Fax 069/316026
E-Mail: hecktor@dghk.net
www.dghk.net

Deutsche Kakteen-Gesellschaft e.V.
Geschäftsstelle
Bachstelzenweg 9, 91325 Adelsdorf
Tel. 09195/9980381, Fax 09195/9980382
E-Mail: gs@dkg.eu
www.dkg.eu

Deutsche Kamelien-Gesellschaft e.V.
Hartmut Eisen
Arndtstr. 1 a, 52064 Aachen
Tel. 0241/9790607
E-Mail: info@kameliengesellschaft.de
www.kameliengesellschaft.de

Deutsche Orchideen-Gesellschaft e.V.
Im Zinnstück 2, 65527 Niedernhausen
Tel. 06127/7057704
E-Mail: dog@orchidee.de
www.orchidee.de

Deutsche Rhododendron-Gesellschaft e.V.
Marcusallee 60, 28359 Bremen
Tel. 0421/42706619, Fax 0421/42706620
E-Mail: info@rhodo.org
www.rhodo.org

Deutsche Rosengesellschaft e.V.
Geschäftsstelle
Pariser Ring 37, 76532 Baden-Baden
Tel. 07221/31302, Fax 07221/38337
E-Mail: info@rosenfreunde.de
www.rosenfreunde.de

European Bamboo Society Sektion Deutschland e.V.
Geschäftsstelle, Ute Außem
Kirchhofstr. 9, 41199 Mönchengladbach
Tel. 0175/8465888
E-Mail: info@bambus-deutschland.de
www.bambus-deutschland.de

Gesellschaft der Staudenfreunde e.V.
Geschäftsstelle
Sonnenberg 4, 77955 Ettenheim
Tel. 07822/861834, Fax 07822/861833
E-Mail: info@gds-staudenfreunde.de
www.gds-staudenfreunde.de

Gesellschaft der Wassergarten-Freunde e.V.
Thomas Steck
Strohgäustr. 51, 71229 Leonberg
Tel. 07152/24557
E-Mail: praesident@wassergarten.de
www.wassergarten.de

Vereinigung Deutscher Orchideenfreunde e.V.
Geschäftsstelle, Karin Bechstein
Bevertalstr. 12, 37176 Bishausen
Tel. 05503/8460
E-Mail: bechsteink@mail.de
www.orchideen-journal.de

Saatgut, Pflanzen und Zubehör

Baldur-Garten GmbH
Albert-Einstein-Allee 4–6, 64625 Bensheim
Tel. 06251/103399 (Bestellung) und 06251/103366 (Kunden-
service), Fax 06251/103322
E-Mail: info@baldur-garten.de
www.baldur-garten.de

Bayerisches Obstzentrum GmbH & Co. KG
Am Süßbach 1, 85399 Hallbergmoos
Tel. 0811/99679323, Fax 0811/99679329
E-Mail: info@obstzentrum.de
www.obstzentrum.de

Bingenheimer Saatgut AG
Kronstr. 24, 61209 Echzell
Tel. 06035/18990, Fax 06035/189940
E-Mail: info@bingenheimersaatgut.de
www.bingenheimersaatgut.de

Bio-Saatgut Gaby Krautkrämer
Weingartenstr. 58, 97252 Frickenhausen
Tel. 09331/9894200
E-Mail: mehrinformation@bio-saatgut.de
www.bio-saatgut.de

Blauetikett Bornträger GmbH
In den Aspen 1, 67591 Offstein
Tel. 06243/905326
E-Mail: info@blauetikett.de
www.blauetikett.de

Bruno Nebelung GmbH
Freckenhorster Str. 32, 48351 Everswinkel
Tel. 02582/6700, Fax 02582/670270
E-Mail: info@brunonebelung.de
www.nebelung.de

Die Königsgütler GmbH
Roland Köchel
Königsgütler 5, 84072 Au/Hallertau
Tel. 08752/8655902, Fax 08752/9930
E-Mail: info@koenigsguetler.de
www.koenigsguetler.de

Dreschflegel GbR
Biologisches Saatgut
In der Aue 31, 37213 Witzenhausen
Tel. 05542/502744, Fax 05542/502758
E-Mail: info@dreschflegel-saatgut.de
www.dreschflegel-saatgut.de

Flora Toskana GmbH
Altusrieder Str. 72, 87439 Kempten
Tel. 08374/2325816
E-Mail: info@flora-toskana.de
www.flora-toskana.de

Gartensoja
Fabian von Beesten
Saatgut- und Impfmittelhandel
Körtlinghausen 9, 59602 Rüthen
Tel. 0177/7694780
E-Mail: saatgut@gartensoja.de
www.gartensoja.de

Gärtner Pötschke GmbH
Beuthener Str. 4, 41561 Kaarst
Tel. 01806/861100 (20 ct/Anruf aus dem deutschen
Fest- und Mobilfunknetz)
E-Mail: info@poetschke.de
www.poetschke.de

Häberli Fruchtpflanzen AG
Stocken, CH-9315 Neukirch-Egnach
Tel. 0041/(0)71/5553700
E-Mail: info@haeberli-beeren.ch
www.haeberli-beeren.ch

Hof Berg-Garten
Björn Lau
Lindenweg 17, 79737 Herrischried
Tel. 07764/239, Fax 07764/215
E-Mail: info@hof-berggarten.de
www.hof-berggarten.de

Lubera GmbH
Im Vieh 8, 26160 Bad Zwischenahn
Tel. 04403/9847590, Fax 04403/9847591
E-Mail: kundendienst@lubera.com
www.lubera.com

NaturaGart Vertriebs-GmbH
Riesenbeckerstr. 63–65, 49479 Ibbenbüren
Tel. 05451/59340
E-Mail: info@naturagart.de
www.naturagart.com

N.L. Chrestensen Erfurter Samen- und Pflanzenzucht GmbH
Witterdaer Weg 6, 99092 Erfurt
Tel. 0361/22450, Fax 0361/2245112
E-Mail: info@chrestensen.com
www.chrestensen.de

Outside Living Industries Deutschland GmbH
Liebauweg 32, 46395 Bocholt
Tel. 02871/293510, Fax 02871/2935129
www.outsideliving.com

ReinSaat GmbH
Am Hornerwald 69, A-3572 St. Leonhard
Tel. 0043/(0)2987/2347
E-Mail: office@reinsaat.at
www.reinsaat.at

Rosenhof Schultheis e.K.
Bad Nauheimer Str. 3, 61231 Bad Nauheim
Tel. 06032/925280, Fax 06032/9252823
E-Mail: rosenhof@rosenhof-schultheis.de
www.rosenhof-schultheis.de

Rühlemanns Kräuter & Duftpflanzen
Auf dem Berg 2, 27367 Horstedt
Tel. 04288/3001911, Fax 04288/3001912
E-Mail: info@kraeuter-und-duftpflanzen.de
www.ruehlemanns.de

Samengärtnerei Zollinger, C.& R. Zollinger
Route de la Praille 20, CH-1897 Les Evouettes
Tel. 0041/(0)24/4814035
E-Mail: info@zollinger.bio
www.zollinger.bio

Sperli GmbH
Freckenhorster Str. 32, 48351 Everswinkel
Tel. 02582/670130
E-Mail: info@sperli.de
www.sperli.de

Staudengärtnerei Gaißmayer GmbH & Co. KG
Jungviehweide 3, 89257 Illertissen
Tel. 07303/608960, Fax 07303/6089640
E-Mail: info@gaissmayer.de
www.gaissmayer.de

Staudengärtnerei Gräfin von Zeppelin e.K.
Weinstr. 2, 79295 Sulzburg-Laufen
Tel. 07634/550390, Fax 07634/6599
E-Mail: info@graefin-von-zeppelin.de
www.graefin-von-zeppelin.de

Syringa Kräutergärtnerei GbR
Duftpflanzen und Kräuter
Untere Gräben 1, 78247 Hilzingen-Binningen
Tel. 07739/1452, Fax 07739/677
E-Mail: info@syringa-pflanzen.de
www.syringa-pflanzen.de

Vertriebsgesellschaft Quedlinburger Saatgut mbH
Dieselstr. 1, 06449 Aschersleben
Tel. 0201/86143446
E-Mail: info@quedlinburger-saatgut.de
www.quedlinburger-saatgut.de

VIERKA Friedrich Sauer GmbH & Co.
Postfach 1328, 97628 Bad Königshofen
Tel. 09761/91880, Fax 09761/918844
E-Mail: mail@vierka.de
www.vierka.de

Volmary GmbH
Kaldenhofer Weg 70, 48155 Münster
Tel. 02661/9405287 (Kundenservice für Endverbraucher)
E-Mail: hobby@volmary.com
www.volmary.com

Wyss Samen und Pflanzen AG
Schachenweg 14c, CH-4528 Zuchwil
Tel. 0041/(0)32/6866868, Fax 0041/(0)32/6866800
E-Mail: info@wyssgarten.ch
www.wyssgarten.ch

Bildquellen

AngelinaSchaedler/Shutterstock.com: 180 r.;
Antje Krause: 19;
Artevos GmbH: 30, 44, 174;
Bejo Samen GmbH: 15;
Ben Laskowski/Shutterstock.com: 146 o.;
Bionana.Shop: 71;
BlueSnap/Shutterstock.com: 116 u.;
Brum/Shutterstock.com: 14;
Bruno Nebelung GmbH/Kiepenkerl: 29, 43, 143, 157;
Christine Weidenweber: 184;
clearlens/Shutterstock.com: 180 l., 181;
Cuhle-Fotos/Shutterstock.com: 18;
denio109/Shutterstock.com: 73;
Elke Schwarzer: 88;
Flora Press/Daniela Kunze: 173 /Visions: 46/47;
Frank Hecker: 3 Mitte, 61 u., 186/187 /Rudolf König: 182;
Häberli Fruchtpflanzen AG, CH 9315 Neukirch-Egnach: 58, 114;
Hans alvaro/Shutterstock.com: 112;
Jelitto Staudensamen GmbH: 85;
JimCochrane1/Shutterstock.com: 116 o.;
Jiri Hera/Shutterstock.com: 47 o. r.;
Julian Popov/Shutterstock.com: 13;
Katrin Lugerbauer: 102, 103 o., 103 u.;
Kostiantyn Kravchenko/Shutterstock.com: 17;
Lubera AG: 16, 57, 86, 99, 113, 129, 130, 144, 158;
Martina Unbehauen/Shutterstock.com: 117;
mauritius images: 3 o. r., 3 u. l., 3 u. r., 4, 5, 6/7, 20/21, 27, 28, 32, 32/33, 34/35, 41, 42, 47 o. l., 48/49, 55, 56, 60, 61 o., 62/63, 69, 70, 72, 74 o., 74 Mitte, 75, 76/77, 83, 84, 90/91, 97, 98, 104/105, 111, 118/119, 126, 132/133, 133, 134/135, 141, 142, 146 u., 147, 148/149, 155, 156, 162/163, 170, 172, 183, 185, 188, 189;
Norbert Liesz: 161 l.;
Renate Hudak/Harald Harazim: 160, 161 r.;
Sabrina Sue Daniels: 3 o. l., 31, 45, 59, 87, 101, 115, 131, 145, 159, 175;
Scisetti Alfio/Shutterstock.com: 1;
Sigrid Tinz: 176/177, 177, 186;
Tanja Midgardson/Shutterstock.com: 179;
trabantos/Shutterstock.com: 178;
yagoba/Shutterstock.com: 128;
Zoonar/Joerg Hemmer: 132

Illustrationen:
Gerhard Junker: 47;
Susanne Junker: 74 o., 74/75, 75 r. , 116, 117, 146, 147

Impressum

Haftung
Autoren und Verlag haben sich um richtige und zuverlässige Angaben bemüht. Fehler können jedoch nicht vollständig ausgeschlossen werden. Eine Garantie für die Richtigkeit der Angaben kann daher nicht gegeben werden. Haftung für Schäden und Unfälle wird aus keinem Rechtsgrund übernommen

Bibliografische Information der Deutschen Bibliothek
Die Deutsche Bibliothek verzeichnet diese Publikation in der Deutschen Nationalbibliografie; detaillierte bibliografische Daten sind im Internet über http://dnb.ddb.de abrufbar

Wollgrasweg 41, D-70599 Stuttgart (Hohenheim)
E-Mail: info@ulmer.de, Internet: www.ulmer.de

Projektleitung: Doris Kowalzik
Redaktion: Dr. Sigrun Künkele (red)

Unter Mitarbeit von: Renate Hudak (hud), Katharina M. Kiefer (kie), Antje Krause (kra), Katrin Lugerbauer (lug), Joachim Mayer (may), Elke Schwarzer (sch), Sigrid Tinz (tin), Christine Weidenweber (wei)

Gestaltung und Satz: red.sign, Stuttgart
Herstellung: Judith Schumann
Bildbearbeitung: timeRay, Jettingen

Druck und Bindung: Firmengruppe APPL, aprinta Druck, Wemding
Printed in Germany

ISBN 978-3-8186-1945-9

ÜBERBLICK 2025

Januar

KW	Mo	Di	Mi	Do	Fr	Sa	So
1			1	2	3	4	5
2	6	7	8	9	10	11	12
3	13	14	15	16	17	18	19
4	20	21	22	23	24	25	26
5	27	28	29	30	31		

Februar

KW	Mo	Di	Mi	Do	Fr	Sa	So
5						1	2
6	3	4	5	6	7	8	9
7	10	11	12	13	14	15	16
8	17	18	19	20	21	22	23
9	24	25	26	27	28		

März

KW	Mo	Di	Mi	Do	Fr	Sa	So
9						1	2
10	3	4	5	6	7	8	9
11	10	11	12	13	14	15	16
12	17	18	19	20	21	22	23
13	24	25	26	27	28	29	30
14	31						

April

KW	Mo	Di	Mi	Do	Fr	Sa	So
14		1	2	3	4	5	6
15	7	8	9	10	11	12	13
16	14	15	16	17	18	19	20
17	21	22	23	24	25	26	27
18	28	29	30				

Mai

KW	Mo	Di	Mi	Do	Fr	Sa	So
18				1	2	3	4
19	5	6	7	8	9	10	11
20	12	13	14	15	16	17	18
21	19	20	21	22	23	24	25
22	26	27	28	29	30	31	

Juni

KW	Mo	Di	Mi	Do	Fr	Sa	So
22							1
23	2	3	4	5	6	7	8
24	9	10	11	12	13	14	15
25	16	17	18	19	20	21	22
26	23	24	25	26	27	28	29
27	30						

Juli

KW	Mo	Di	Mi	Do	Fr	Sa	So
27		1	2	3	4	5	6
28	7	8	9	10	11	12	13
29	14	15	16	17	18	19	20
30	21	22	23	24	25	26	27
31	28	29	30	31			

August

KW	Mo	Di	Mi	Do	Fr	Sa	So
31					1	2	3
32	4	5	6	7	8	9	10
33	11	12	13	14	15	16	17
34	18	19	20	21	22	23	24
35	25	26	27	28	29	30	31

September

KW	Mo	Di	Mi	Do	Fr	Sa	So
36	1	2	3	4	5	6	7
37	8	9	10	11	12	13	14
38	15	16	17	18	19	20	21
39	22	23	24	25	26	27	28
40	29	30					

Oktober

KW	Mo	Di	Mi	Do	Fr	Sa	So
40			1	2	3	4	5
41	6	7	8	9	10	11	12
42	13	14	15	16	17	18	19
43	20	21	22	23	24	25	26
44	27	28	29	30	31		

November

KW	Mo	Di	Mi	Do	Fr	Sa	So
44						1	2
45	3	4	5	6	7	8	9
46	10	11	12	13	14	15	16
47	17	18	19	20	21	22	23
48	24	25	26	27	28	29	30

Dezember

KW	Mo	Di	Mi	Do	Fr	Sa	So
48	1	2	3	4	5	6	7
49	8	9	10	11	12	13	14
50	15	16	17	18	19	20	21
51	22	23	24	25	26	27	28
52	29	30	31				

SCHULFERIEN 2024

Bundesland	Winter	Ostern	Pfingsten	Sommer	Herbst	Weihnachten
Baden-Württemberg (BW)	–	23.3.–5.4.	21.5.–31.5.	25.7.–7.9.	28.10.–31.10.	23.12.–4.1.
Bayern (BY)	12.2.–16.2.	25.3.–6.4.	21.5.–1.6.	29.7.–9.9.	28.10.–31.10./20.11.	23.12.–3.1.
Berlin (BE)	5.2.–10.2.	25.3.–5.4.	10.5.	18.7.–30.8.	4.10./21.10.–2.11.	23.12.–31.12.
Brandenburg (BB)	5.2.–9.2.	3.4.–14.4.	–	18.7.–31.8.	4.10./21.10.–2.11.	23.12.–31.12.
Bremen (HB)	1.2.–2.2.	18.3.–28.4.	10.5./21.5.	24.6.–2.8.	4.10.–19.10./1.11.	23.12.–4.1.
Hamburg (HH)	2.2.	18.3.–28.3.	10.5./21.5–24.5.	18.7.–28.8.	4.10./21.10.–1.11.	20.12.–3.1.
Hessen (HE)	–	25.3.–13.4.	–	15.7.–23.8.	23.10.–28.10	27.12.–13.1.
Mecklenburg-Vorp. (MV)	5.2.–16.2.	25.3.–3.4.	10.5/17.5.–21.5.	22.7.–31.8.	4.10./21.10.–26.10./1.11.	23.12.–6.1.
Niedersachsen (NI)	1.2.–2.2.	18.3.–28.3.	10.5/21.5.	24.6.–2.8.	4.10.–19.10./1.11.	23.12.–4.1.
Nordrhein-Westfalen (NW)	–	25.3.–5.4.	21.5.	22.6.–4.8.	4.10.–26.10.	23.12.–6.1.
Rheinland-Pfalz (RP)	–	25.3.–2.4.	21.5.–29.5.	15.7.–23.8.	4.10.–25.10.	23.12.–8.1.
Saarland (SL)	12.2.–16.2.	25.3.–5.4.	21.5.–24.5.	15.7.–23.9.	4.10.–25.10.	23.12.–3.1.
Sachsen (SN)	12.2.–23.2.	28.3.–5.4.	19.5.	10.7.–18.8.	7.10.–19.10.	23.12.–3.1.
Sachsen-Anhalt (ST)	5.2.–10.2.	25.3.–30.3.	21.5.–24.5.	24.6.–3.8.	30.9.–12.10./1.11.	23.12.–4.1.
Schleswig-Holstein (SH)	–	2.4.–19.4.	10.5.–11.5.	22.7.–31.8.	4.10./21.10.–1.11.	19.12.–7.1.
Thüringen (TH)	12.2.–16.2.	25.3.–6.4.	10.5.	20.6.–31.7.	30.9.–12.10.	23.12.–3.1.

Änderungen vorbehalten. Alle Angaben ohne Gewähr. Siehe auch www.schulferien.org.